Architectural rough sketch technic

건축 러프 스케치테크닉

저 ㈜동방디자인/동방디자인 교재개발원

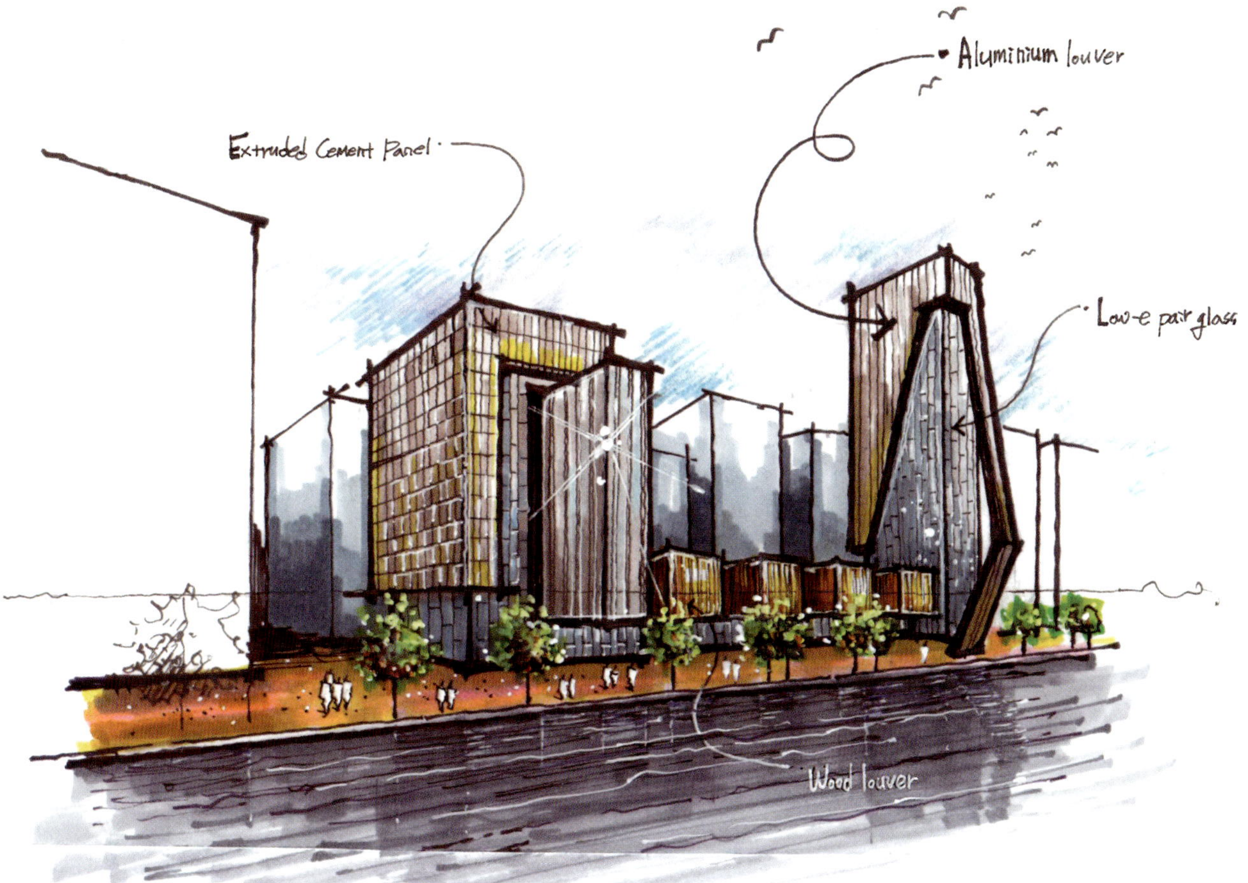

Aluminium louver
Extruded Cement Panel
Low-e pair glass
Wood louver

"스케치 능력이 바로 디자인 능력입니다."

직접 보고 그리는 것과 머릿속에 떠오른 형상을 그리는 것에는 분명한 차이가 있습니다. 또한, 알고 있는 대상을 그리는 것과 그것을 재해석해 기억 속에서 꺼내어 표현하는 것 역시 쉬운 일이 아닙니다.

사진이나 정밀 묘사처럼 시각적으로 사실적인 표현이 가능하더라도, 건축 스케치에서 드로잉이 만족스럽지 않게 보이는 이유는 '그림'이 아니라 '도면'이기 때문입니다.

빛에 대한 반응과 재료의 질감을 감각적이고 촉각적으로 표현하는 렌더링 기법이 더해질 때, 비로소 도면은 더욱 세련돼 보이며, 형태에 대한 이미지도 한층 극대화할 수 있습니다.

스케치 능력이 있는 사람은 머릿속에 구체화된 공간을 자유롭게 상상하고, 그 공간의 구조를 유연하게 변화시킬 수 있으며, 이를 종이 위에 효과적으로 표현해 낼 수 있는 디자인 역량으로 연결시킬 수 있습니다.

자신 안에 잠재된 능력을 끌어내고 발전시키는 주체는 바로 '나 자신'입니다. 스케치는 타고난 소질이 아니라, 체계적인 교육과 훈련을 통해 누구나 길러낼 수 있는 역량입니다.

스케치는 아이디어(idea)를 기록하고 정리하는 도구이며, 이를 바탕으로 개념(concept)을 구체화하고, 새로운 창작으로 확장해 나가는 디자인 사고 출발점이 됩니다.

그래서 디자이너에게 스케치 능력은 가장 기본이자, 중요한 역량입니다.

자신의 생각이나 아이디어를 말로 전달하지 못할 때, 스케치는 그것을 시각적으로 표현해 주는 가장 강력한 도구입니다. 상대방이 쉽게 이해할 수 있도록 도와주는 '시각 언어'이기에, 스케치가 디자인에서 얼마나 중요한 수단인지를 인식해야 합니다.

이 책은 그 중요성을 미처 깨닫지 못했거나, 막연하게 느끼고 있던 학습자와 실무자들에게 스케치의 본질을 정확히 이해하고 체득할 수 있는 계기를 제공하고자 합니다.

건축 디자인을 배우는 학생은 물론, 실무에 종사하는 디자이너들에게도 실질적인 도움이 되도록 개발된 이 책은 아이디어를 시각화하는 능력의 중요성과, 그 역량을 기르기 위한 실전적 스케치 접근법을 담고 있습니다.

동방디자인그룹[㈜동방디자인학원 / 동방건축학원 / 도서출판동방디자인 / ㈜디자인인포]은 39년간의 강의 경험을 토대로 이 책을 집필하였습니다. 대학 교재로도 충분히 활용할 수 있으며, 이 책을 통해 스케치 실력 향상과 함께 디자인적 사고의 기반이 더욱 단단해지기를 기대합니다.

저 (주)동방디자인/동방디자인 교재개발원

Architectural rough sketch technic

Architectural rough sketch technic

part I. 기본 테크닉

part II. 주변환경 및 관계 테크닉

새로 지어지는 도서관들에서 보이는 가장큰 흐름
다목적 복합 공간 형식으로의 진입이 눈에 띈다는
디지털화는 자연히 도서관으로 하여금 다원적 체계
자율적으로 구동하는 지식의 매트릭스로서 네트워크 가능

part III. 도법응용 테크닉

Architectural rough sketch technic

erspective

part IV. 구성별 응용 테크닉

part V. 계획스케치 테크닉

part VI. 퀵&건축어반 스케치 테크

Architectural rough sketch technic

Architectural rough
sketch technic

part I
기본테크닉

스케치의 기본이 되는 선, 면, 입체를 중점적으로 다루었다.
꾸준한 연습을 통해 더욱 풍부하고 자연스러운 표현력을 길러보도록 한다.

01 스케치 도구

스케치에 사용되는 도구는 여러가지가 있다. 그 중 이 책에서 주로 사용하는 도구는 연필, 색연필, 펜, 마커, 마커패드이며 각각의 특성은 다음과 같다.

연 필

밑그림이나 간단한 러프스케치에 사용되며, 단단한 H에서 무른 B까지 종류가 다양하다.

색연필

컬러링을 할 때 세부표현에 사용되며, 크게 수성과 유성으로 나뉜다. 낱개로 구입이 가능하므로, 기본적인 색을 구비한 뒤 자주 사용하거나 없는 색은 따로 구입하도록 한다.

펜

컬러링 하기 전 밑그림을 그릴 때 사용한다. 선의 굵기가 일정하게 (0.1, 0.3, 0.5mm) 정해져 있는 것과 힘을 가함에 따라 굵기가 다양하게 나오는 두 가지를 주로 사용한다.

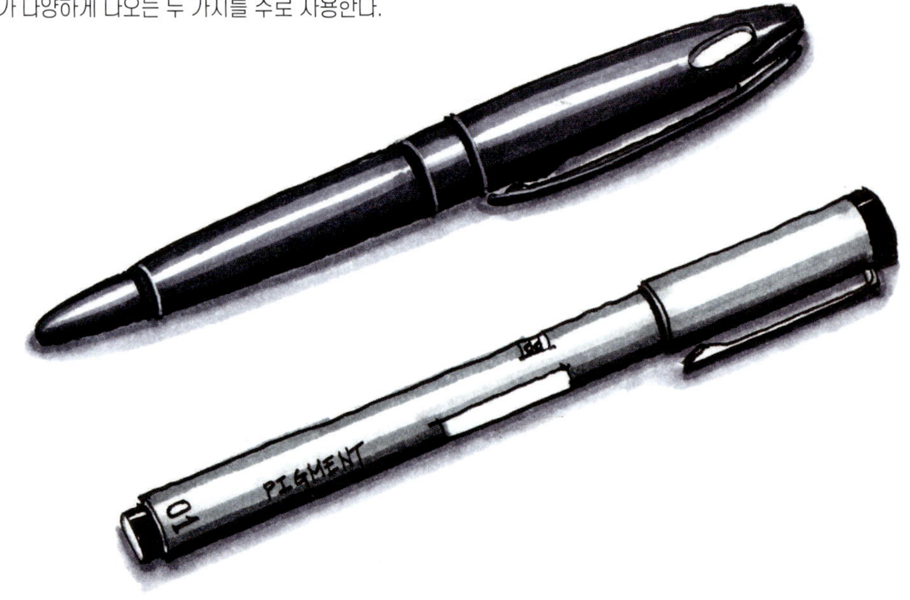

■ 마 커

빠르게 건조하며 색상의 종류가 다양해서 컬러링할 때 사용되는 주재료이다. 국산으로는 알파, 신한에서 나오는 제품이 있으며 베롤, 코픽 등의 외제 제품도 있다. 마커 역시 낱개로 구입이 가능하므로 필요에 따라 색상을 추가하도록 한다.

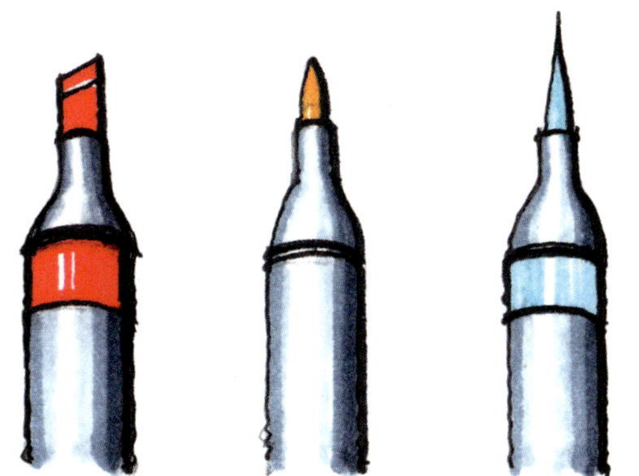

■ 종 류

트윈 마커의 경우 팁의 종류가 두 가지가 있다. 두꺼운 팁으로는 넓은 면을 빠르게 채울 수 있으며, 얇은 팁으로는 자세한 부분을 표현한다.
스케치용 마커의 경우 얇은 부분의 팁은 붓펜처럼 생겨 자유로운 표현을 할 수 있다.

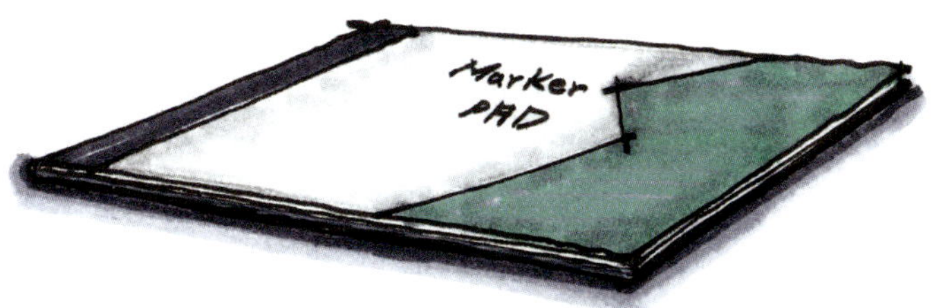

■ 마커패드

종이가 얇고 번지지 않아서 마커 표현에 적합하다. 앞면과 뒷면의 색구현이 다르므로 특성을 이용하여 여러가지 표현이 가능하다.

02 선

수평선, 수직선, 사선

스케치는 크게 형태 잡기와 렌더링의 두 가지로 나뉜다. 렌더링은 형태가 제대로 잡혀야 효과가 뚜렷하므로 형태를 바르게 그리는 것이 우선이다. 형태를 그리는 기본 선인 수평, 수직, 사선을 그리면서 평행 감각을 익혀본다.

수평, 수직, 사선 모두 평행보기가 중요하다. 기준 선과의 간격이 일정하도록 유의하면서 눈의 평행 감각을 키우자.

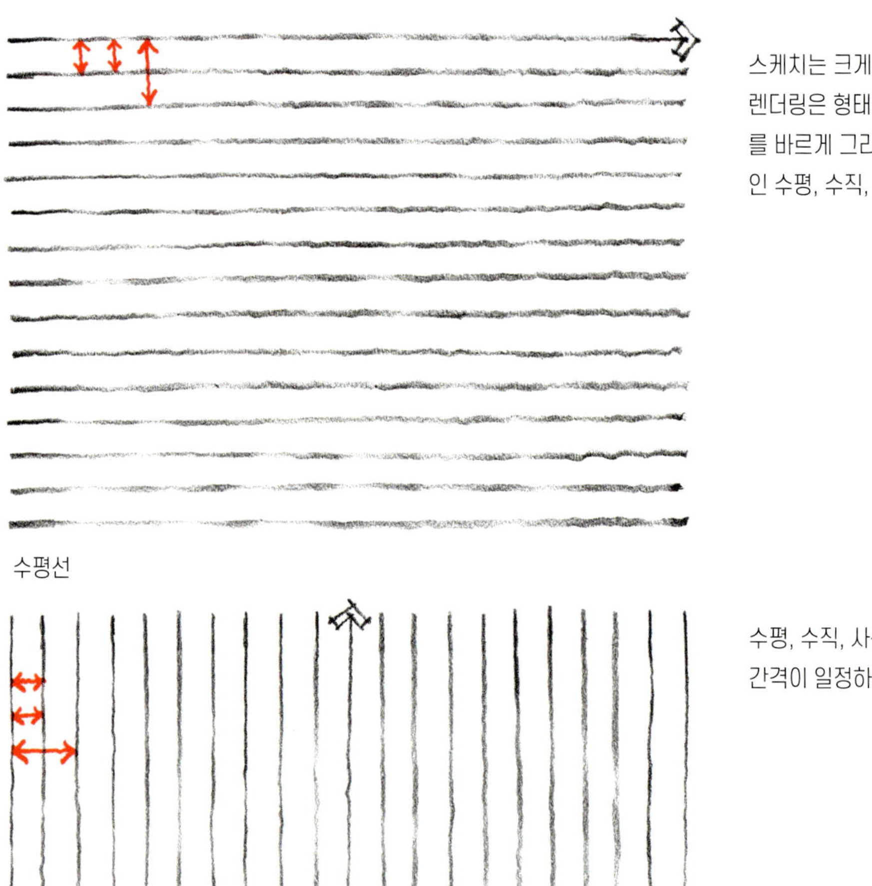

수평선

수직선

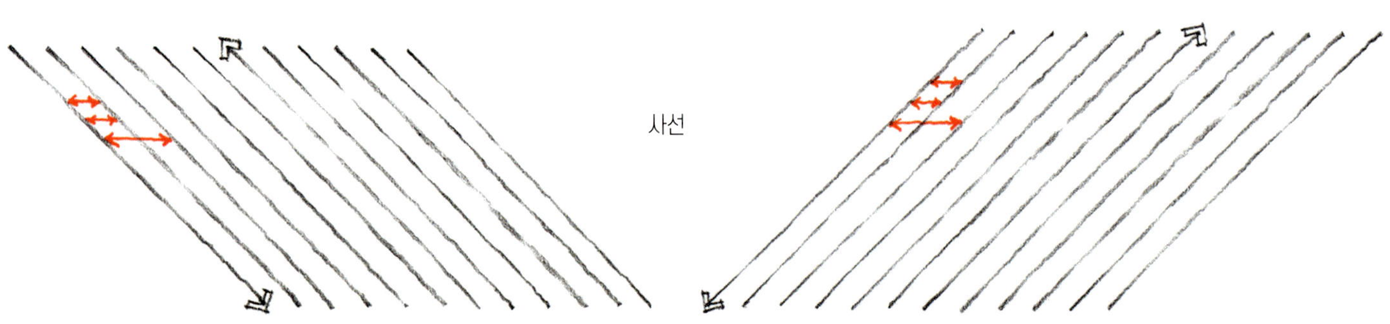

사선

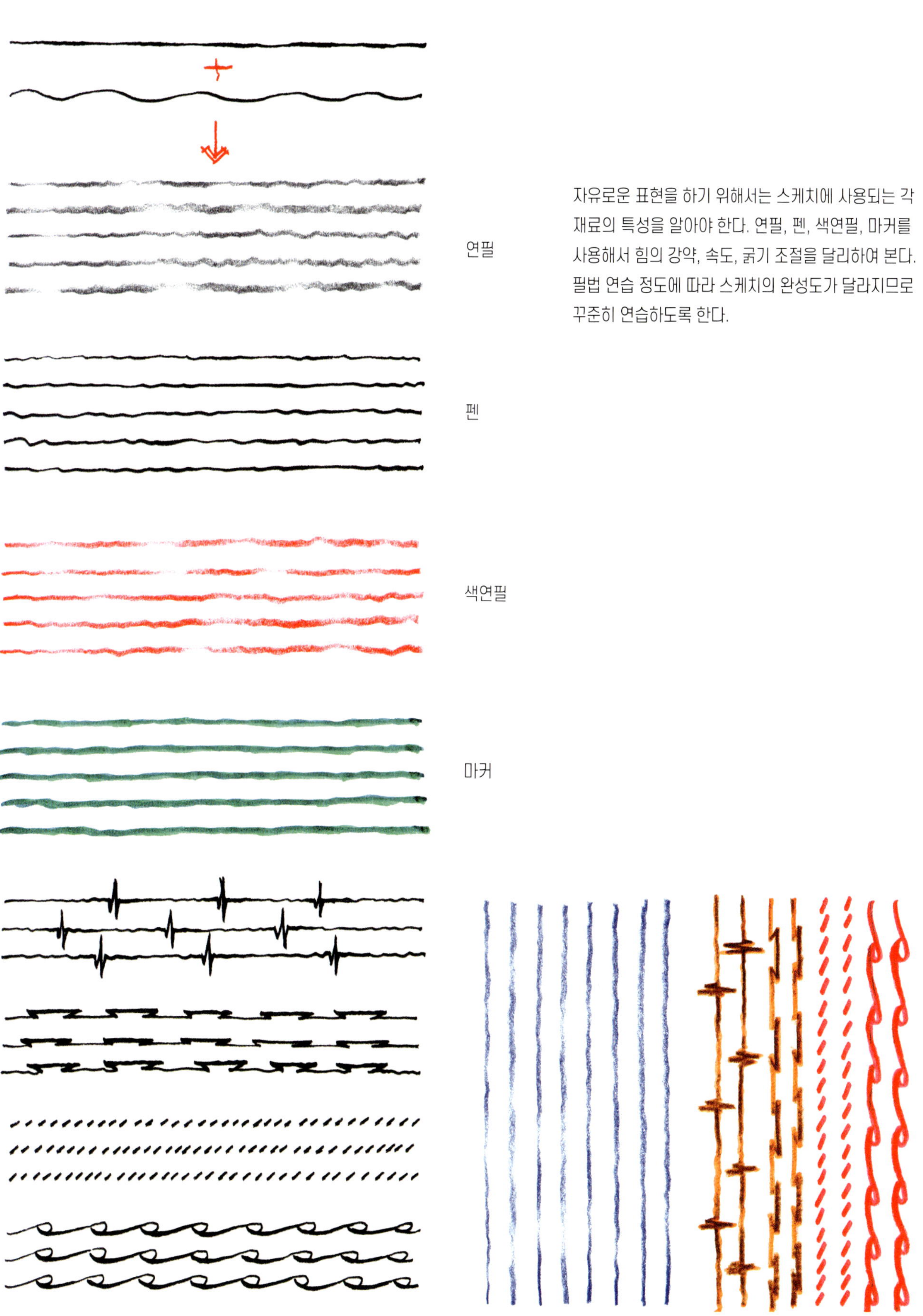

자유로운 표현을 하기 위해서는 스케치에 사용되는 각 재료의 특성을 알아야 한다. 연필, 펜, 색연필, 마커를 사용해서 힘의 강약, 속도, 굵기 조절을 달리하여 본다. 필법 연습 정도에 따라 스케치의 완성도가 달라지므로 꾸준히 연습하도록 한다.

방향선

소실점을 향해 어느 지점에서도 자유롭게 소실선을 그을 수 있도록 꾸준히 연습해 본다.

■ 투시형

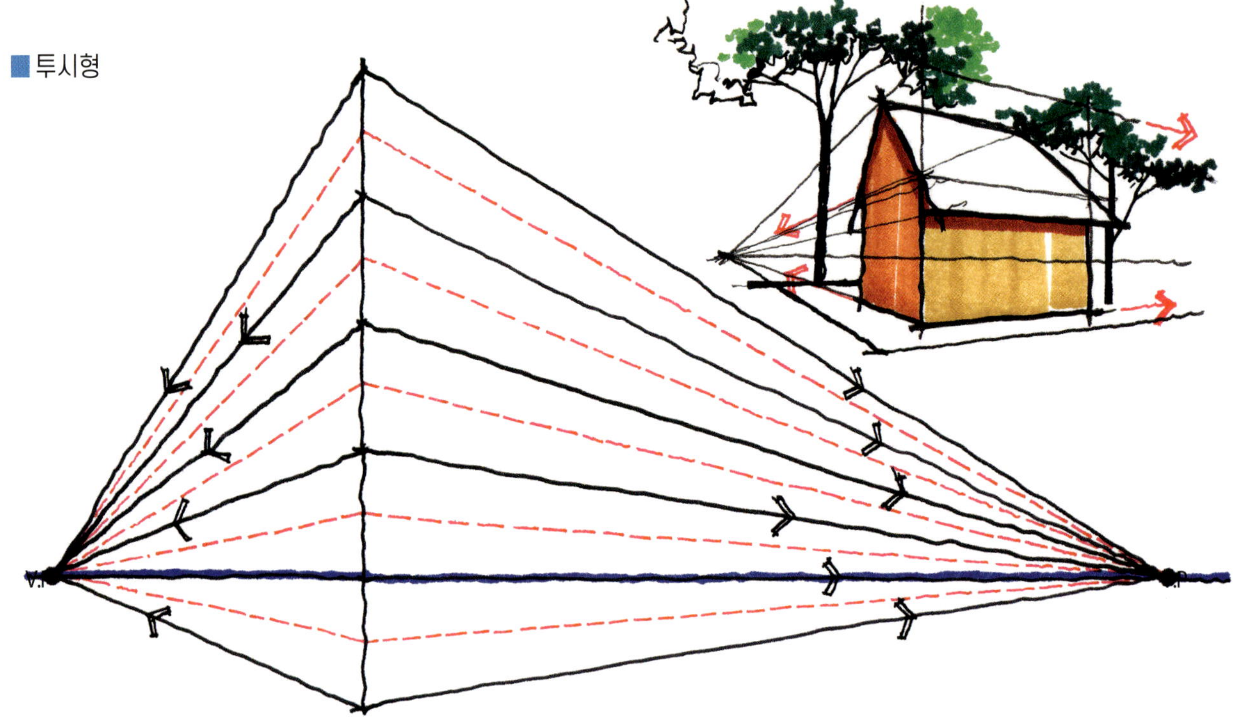

사이선(흐름)을 잘 그려야 보다 더 사실적인 결과물을 얻을 수 있다.

■ 조감형

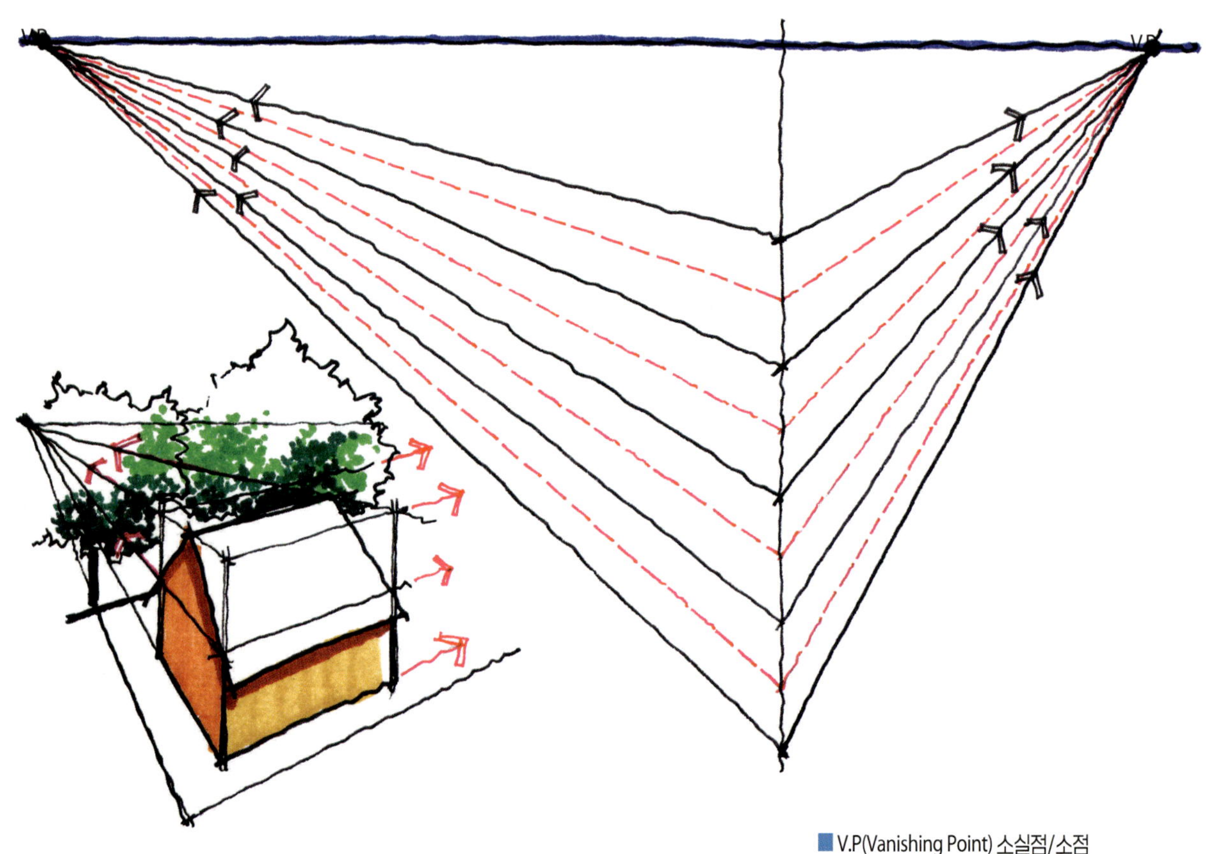

■ V.P(Vanishing Point) 소실점/소점

자유곡선

힘의 강약, 속도를 조절하여 곡선을 자유롭게 그려본다.

03 면

■ **사각형** : 수평 수직인 각 두 선을 평행하게 그리고 서로 직각이 되게 그린다.

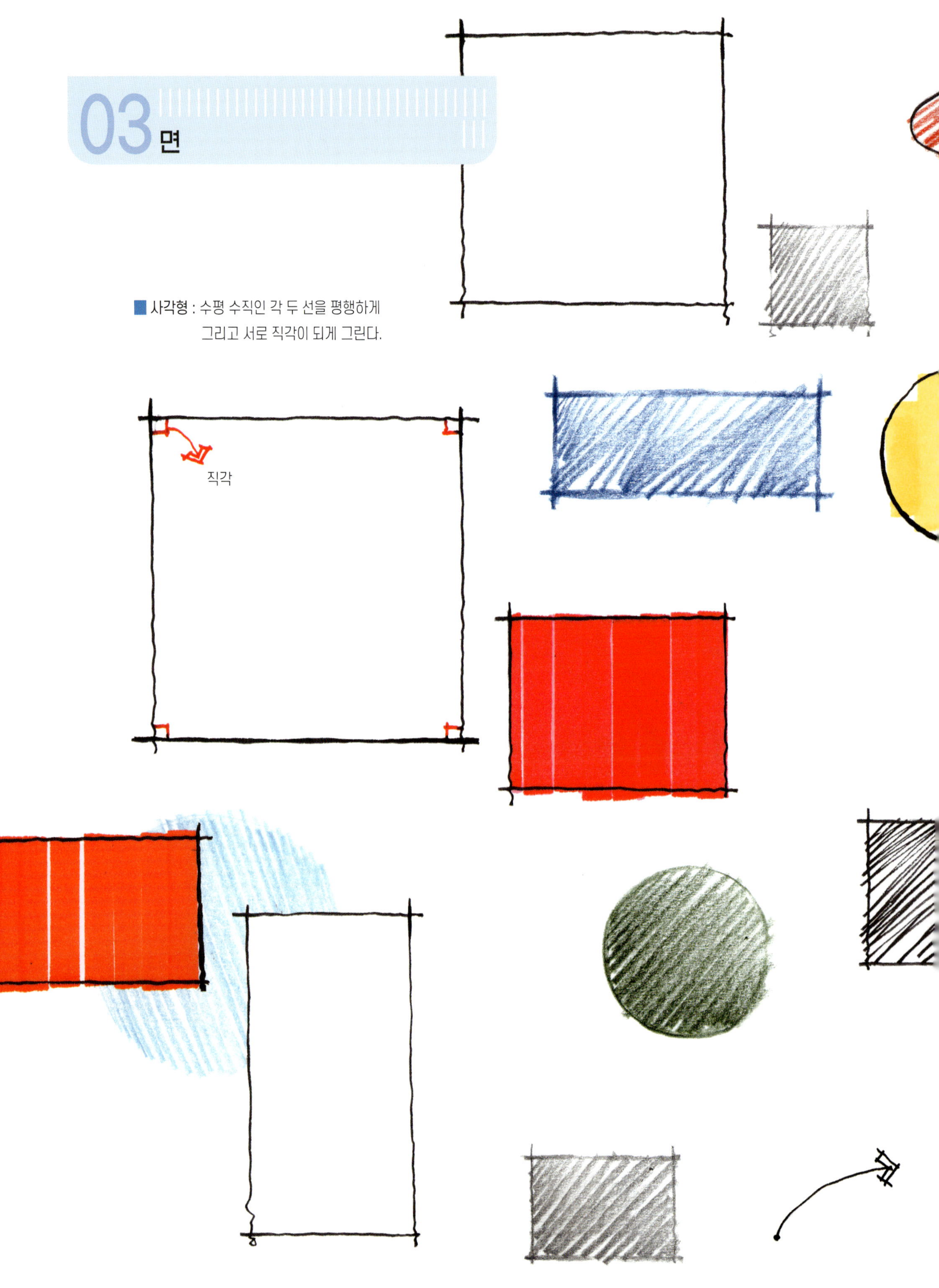

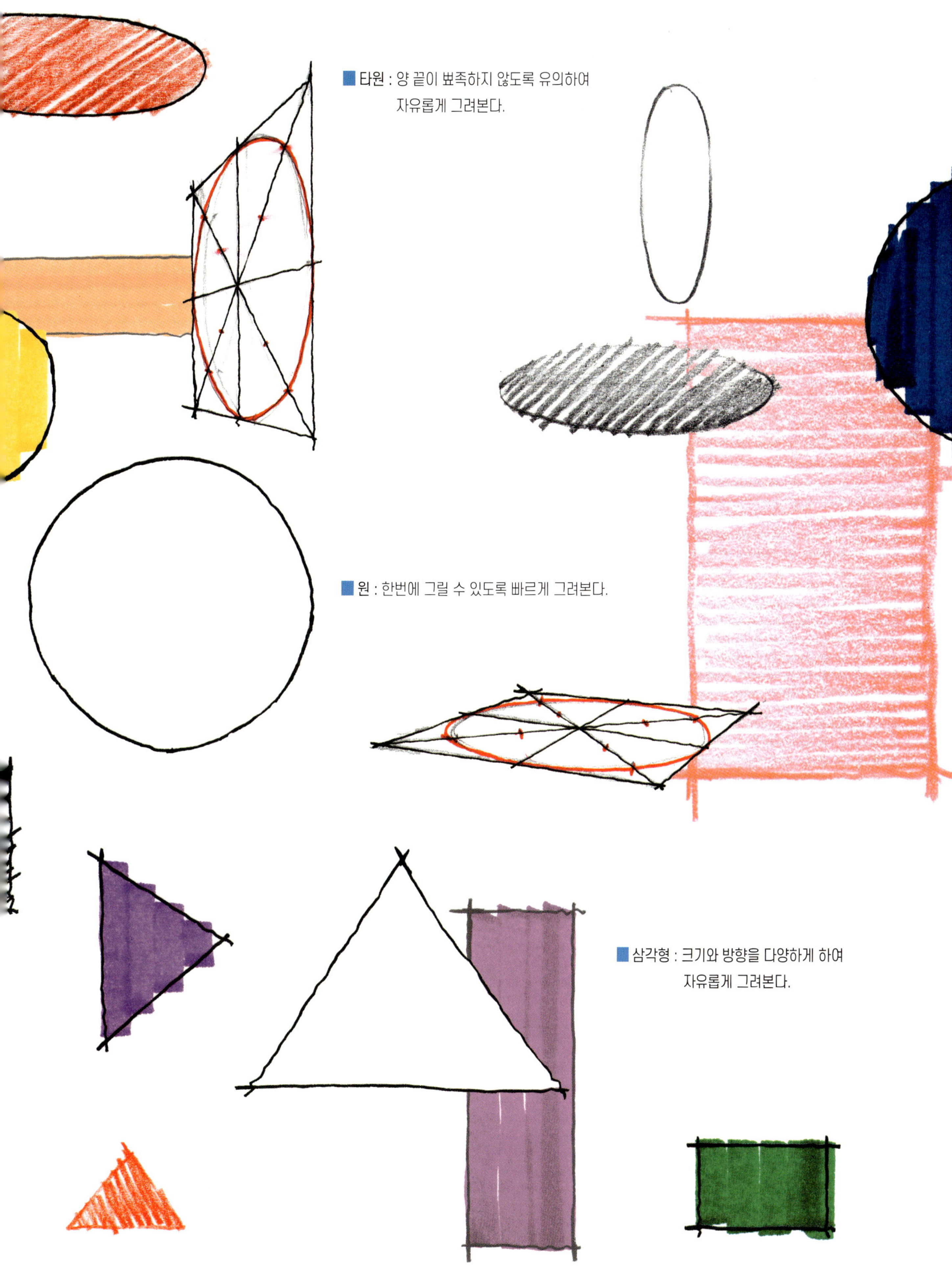

■ **타원** : 양 끝이 뾰족하지 않도록 유의하여 자유롭게 그려본다.

■ **원** : 한번에 그릴 수 있도록 빠르게 그려본다.

■ **삼각형** : 크기와 방향을 다양하게 하여 자유롭게 그려본다.

04 패턴

연필, 펜, 색연필, 마커를 사용하여 각각의 패턴으로 면을 채우는 방법을 연습한다.

연필

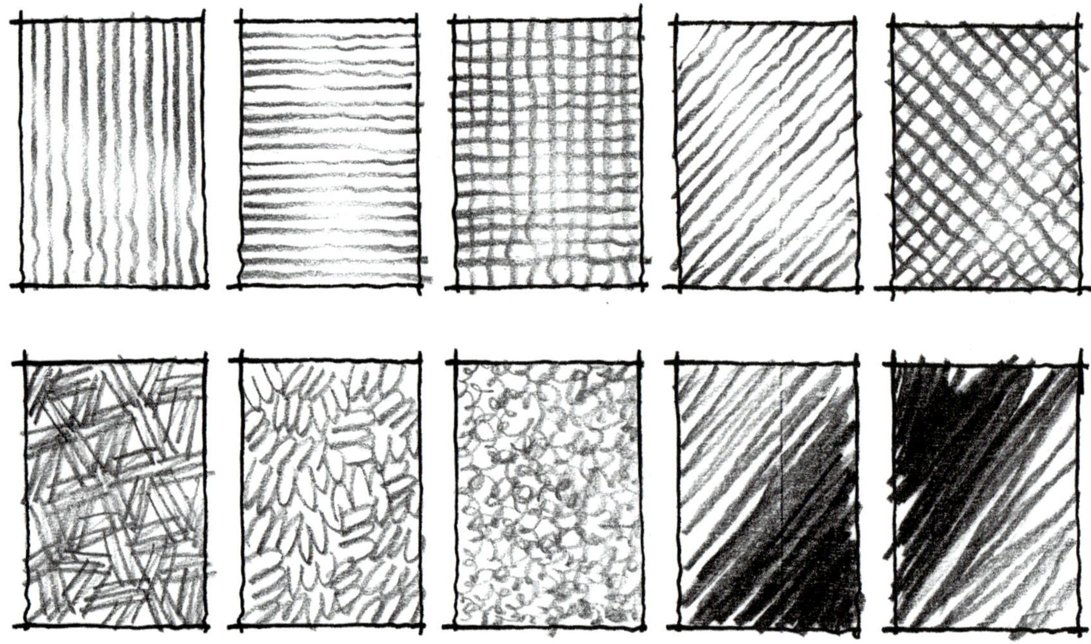

펜

색연필

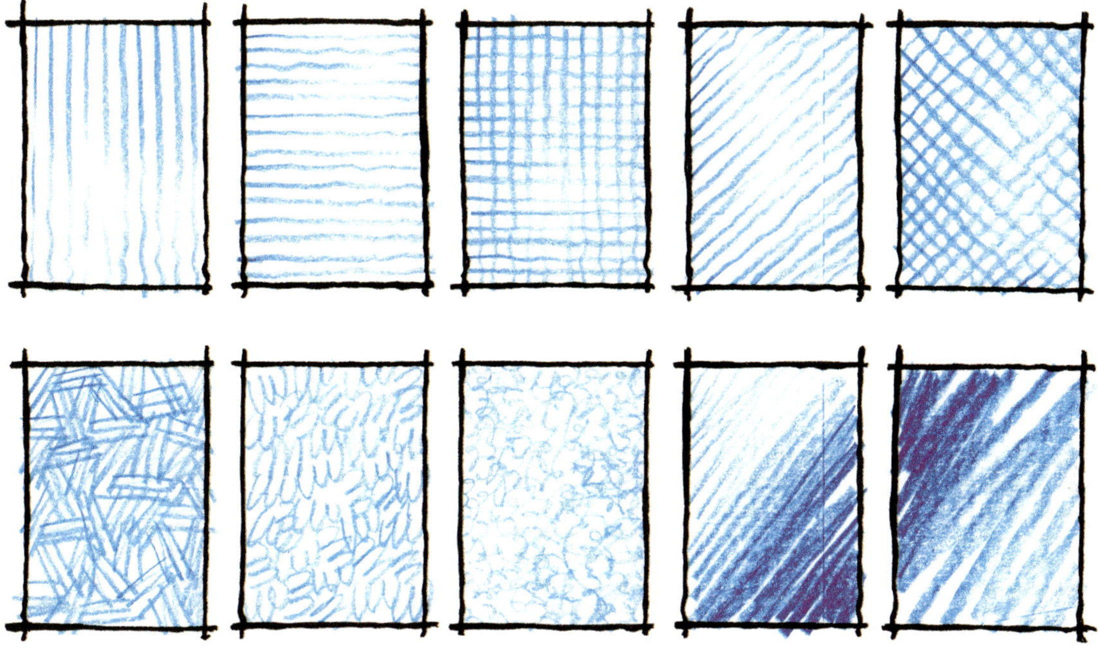

마커

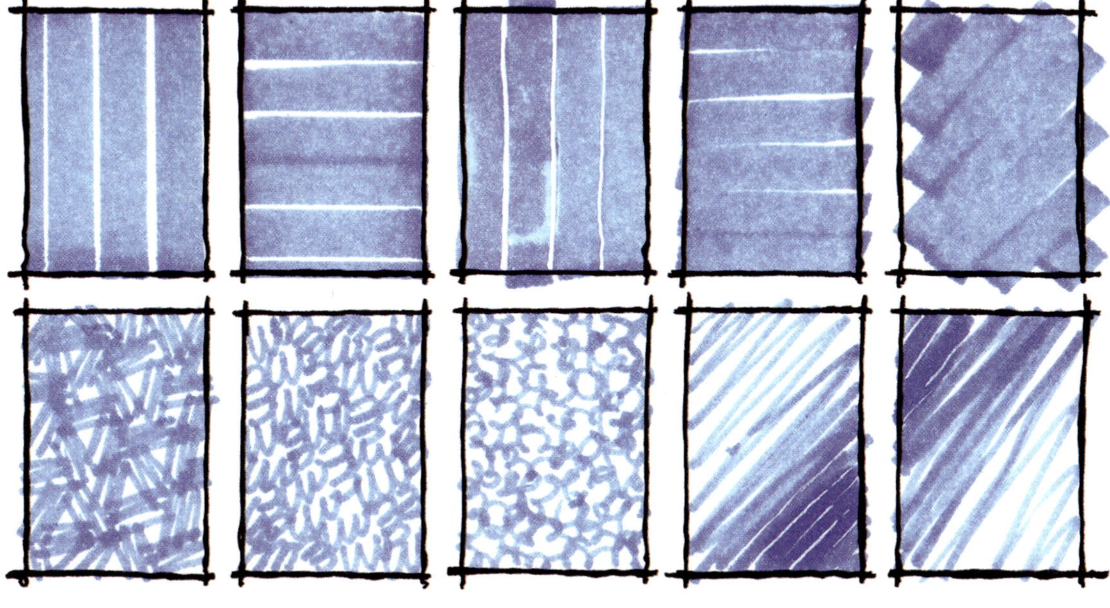

05 입체

주변의 사물은 입방체, 원기둥, 원뿔, 구의 조합으로 이루어져 있다. 형태를 바르게 잡기 위해 입체를 꾸준히 그려본다.

■ 정육면체 조감형

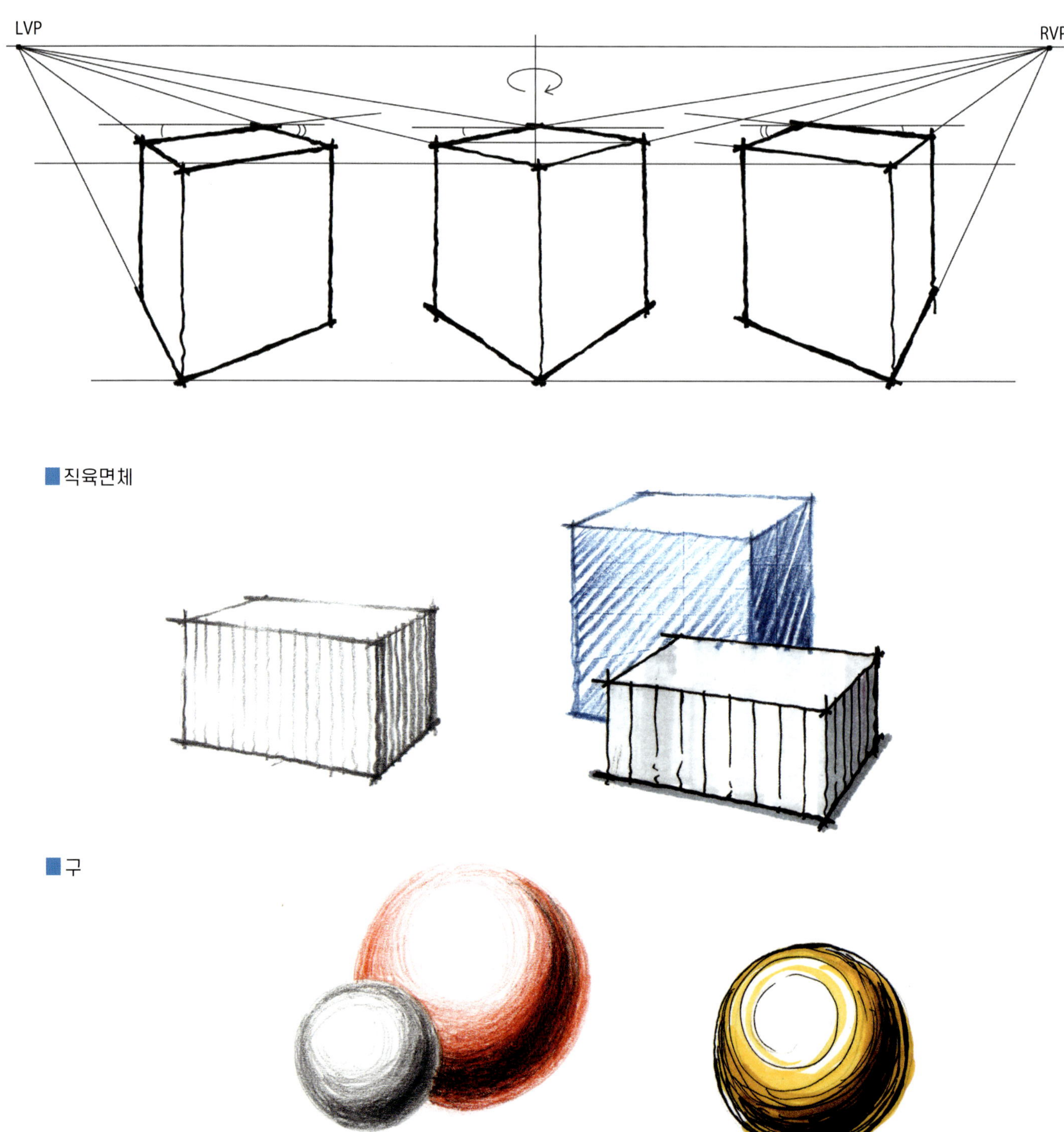

■ 직육면체

■ 구

■ 정육면체 투시형

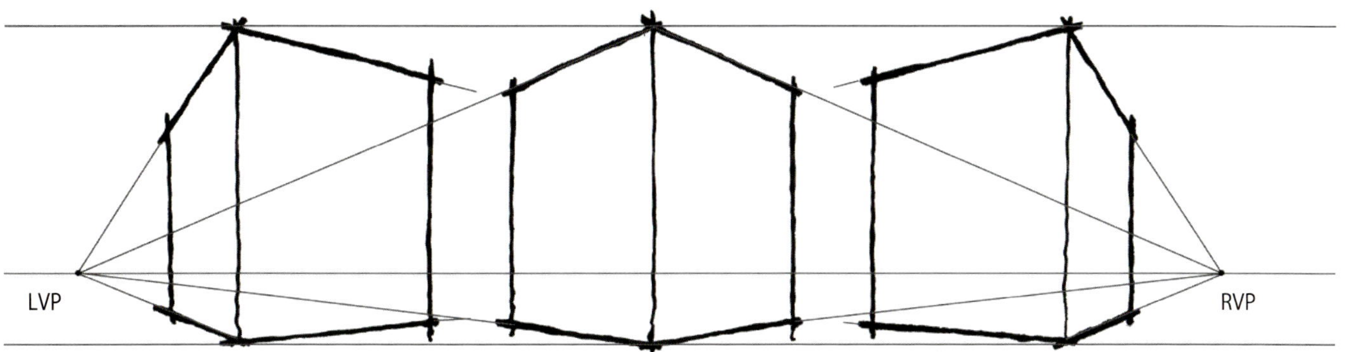

■ 원기둥

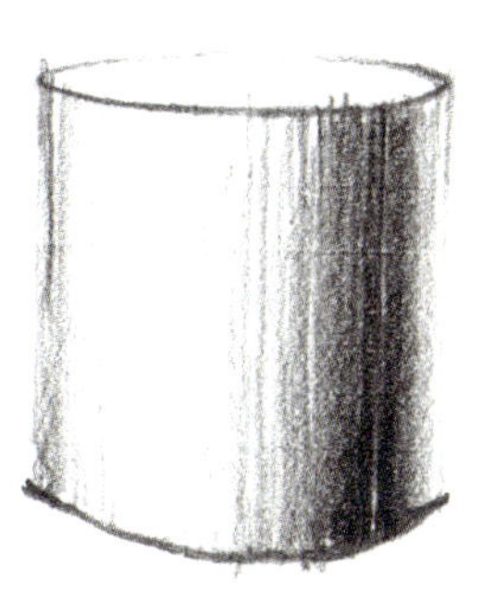

■ 원뿔

06 등분

입체를 간단하게 등분하고 소점 방향 사이선의 흐름에 맞게 선을 그리는 연습을 한 뒤, 이를 응용하면 주변의 여러 가지 사물을 쉽게 그릴 수 있다.

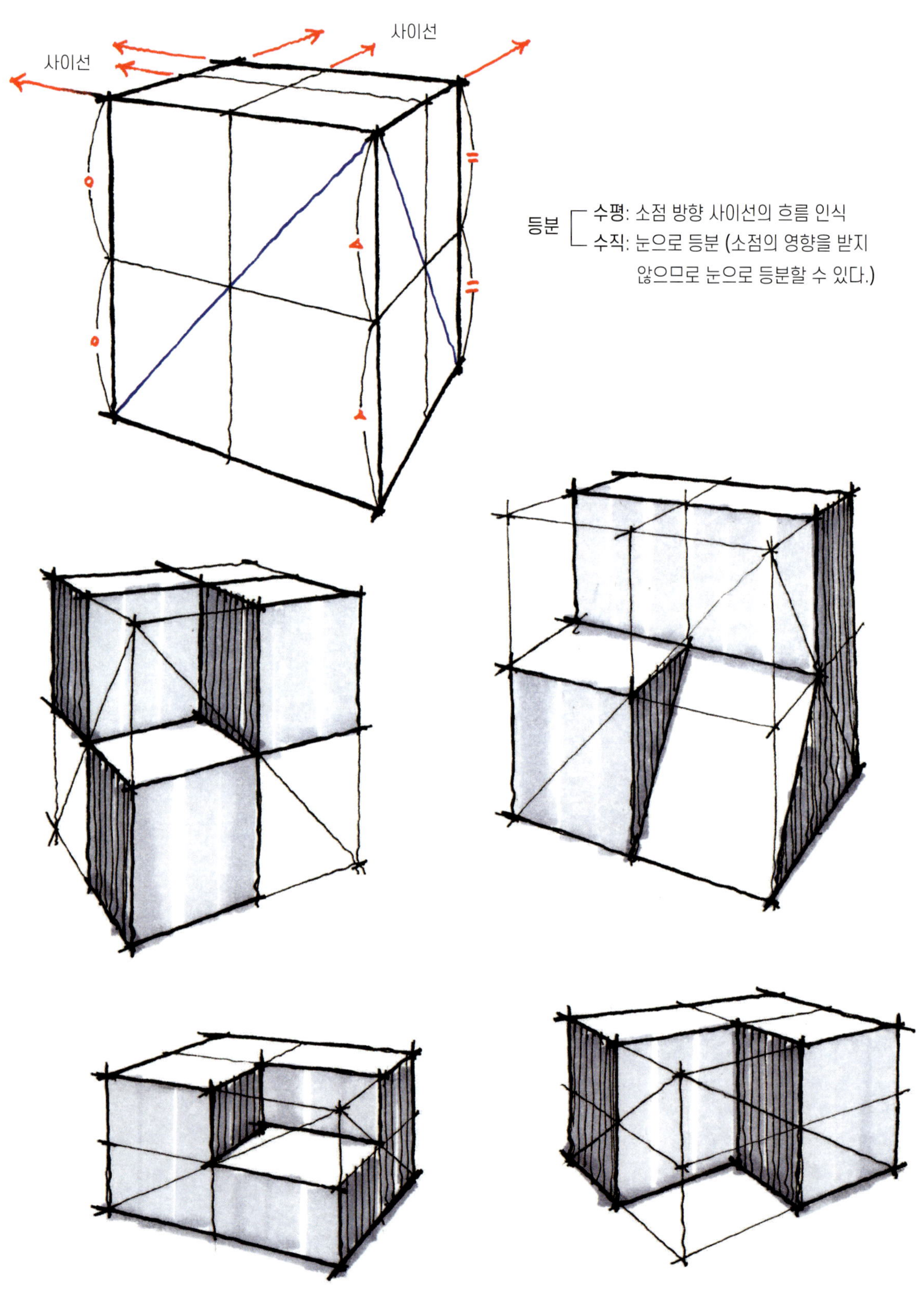

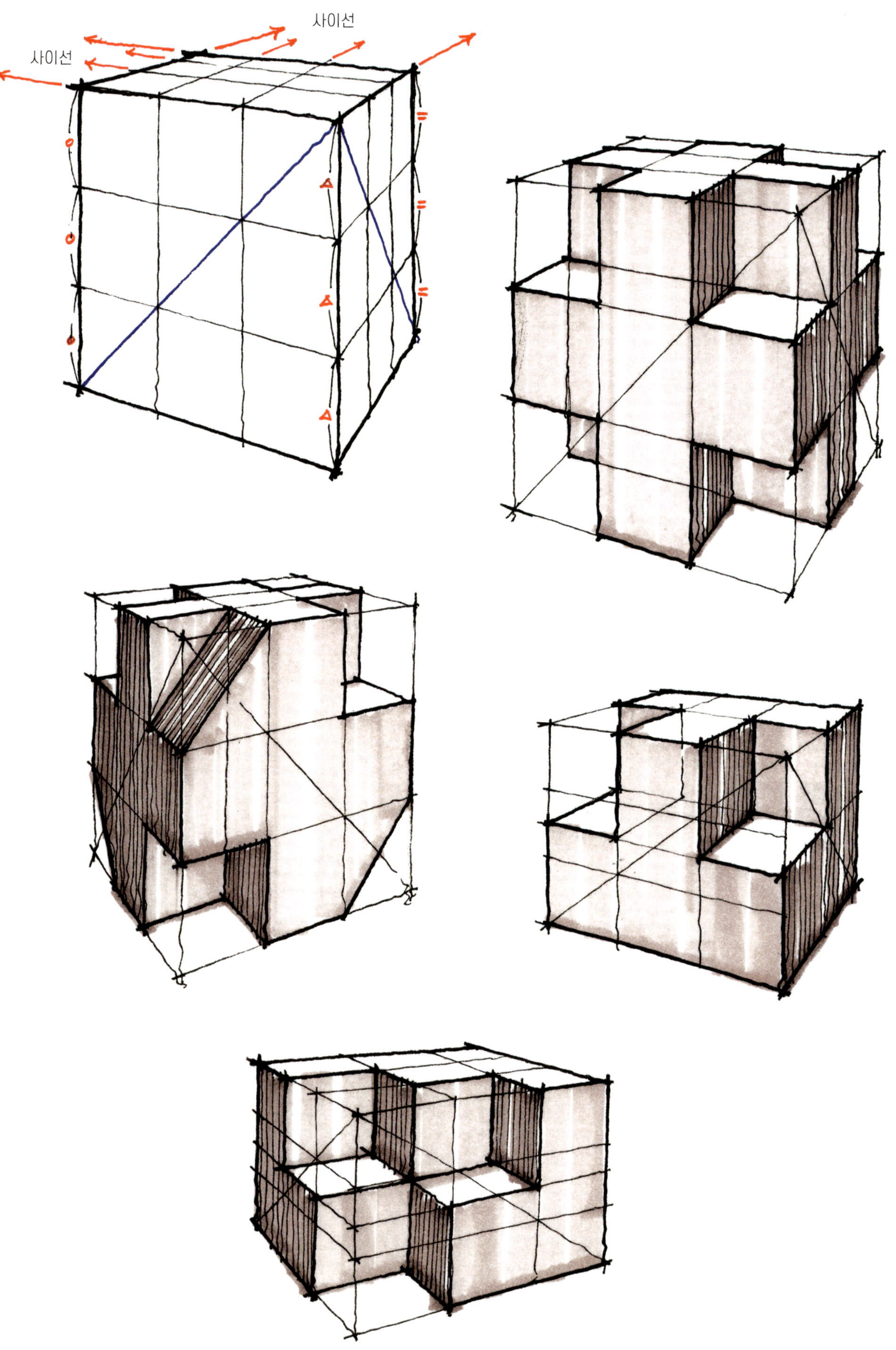
사이선
사이선

07 증식

기본 증식

물체의 증식은 기준(정육면체)에 의해 원하는 형태(건물)를 얻을 수 있다.

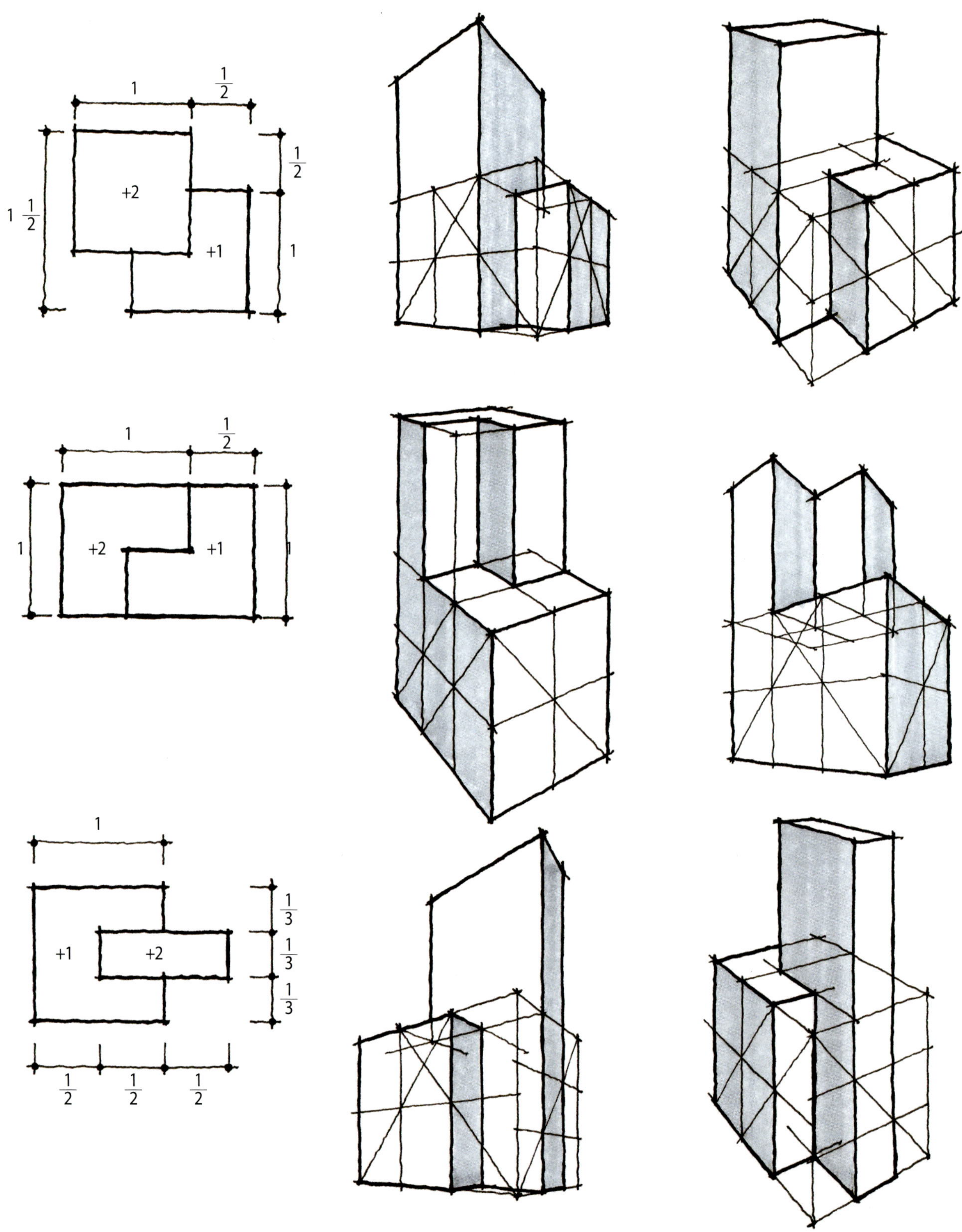

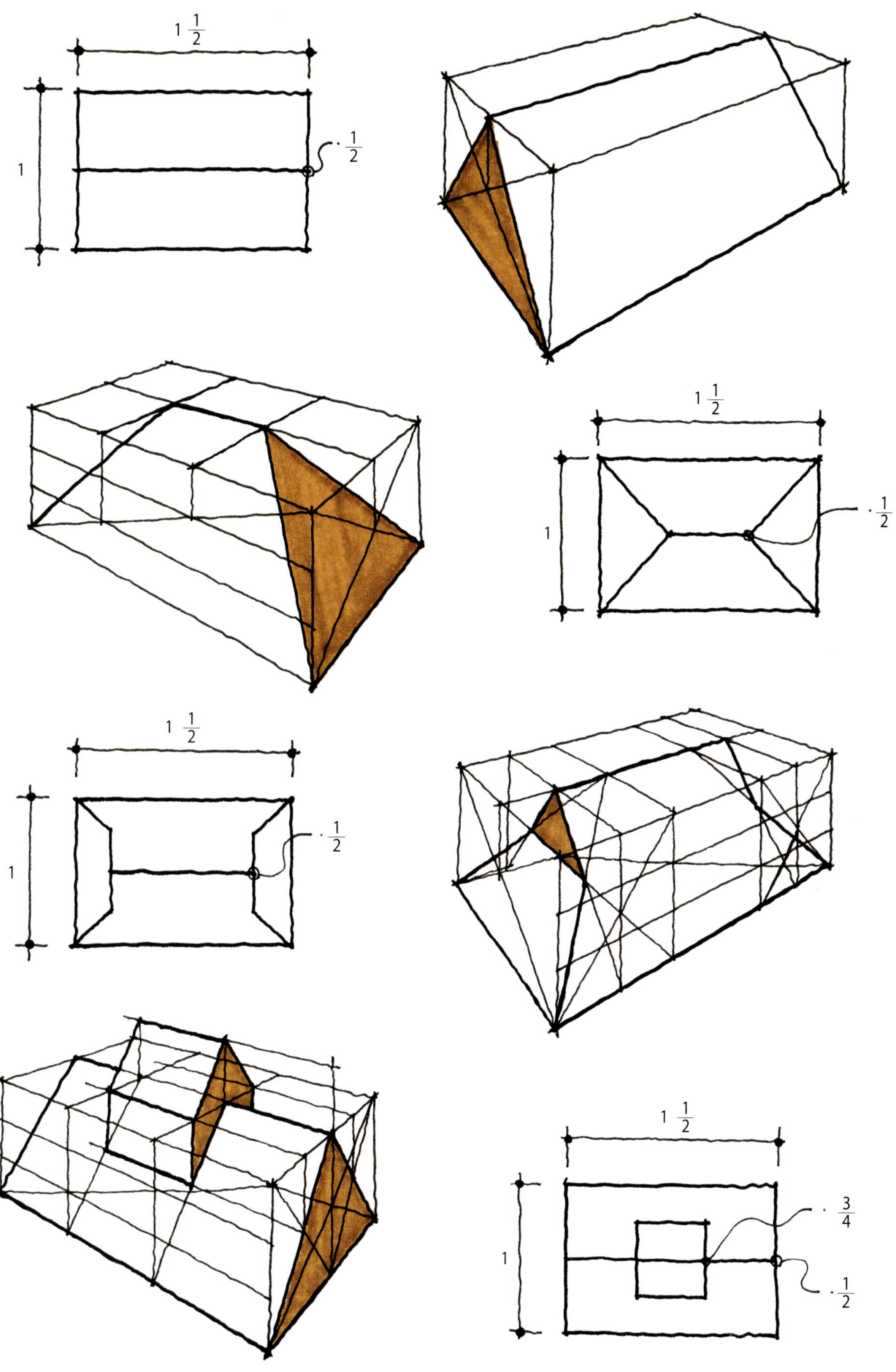
1 1/2
1
· 1/2
1 1/2
1
· 1/2
1 1/2
1
· 1/2
1 1/2
1
· 3/4
· 1/2

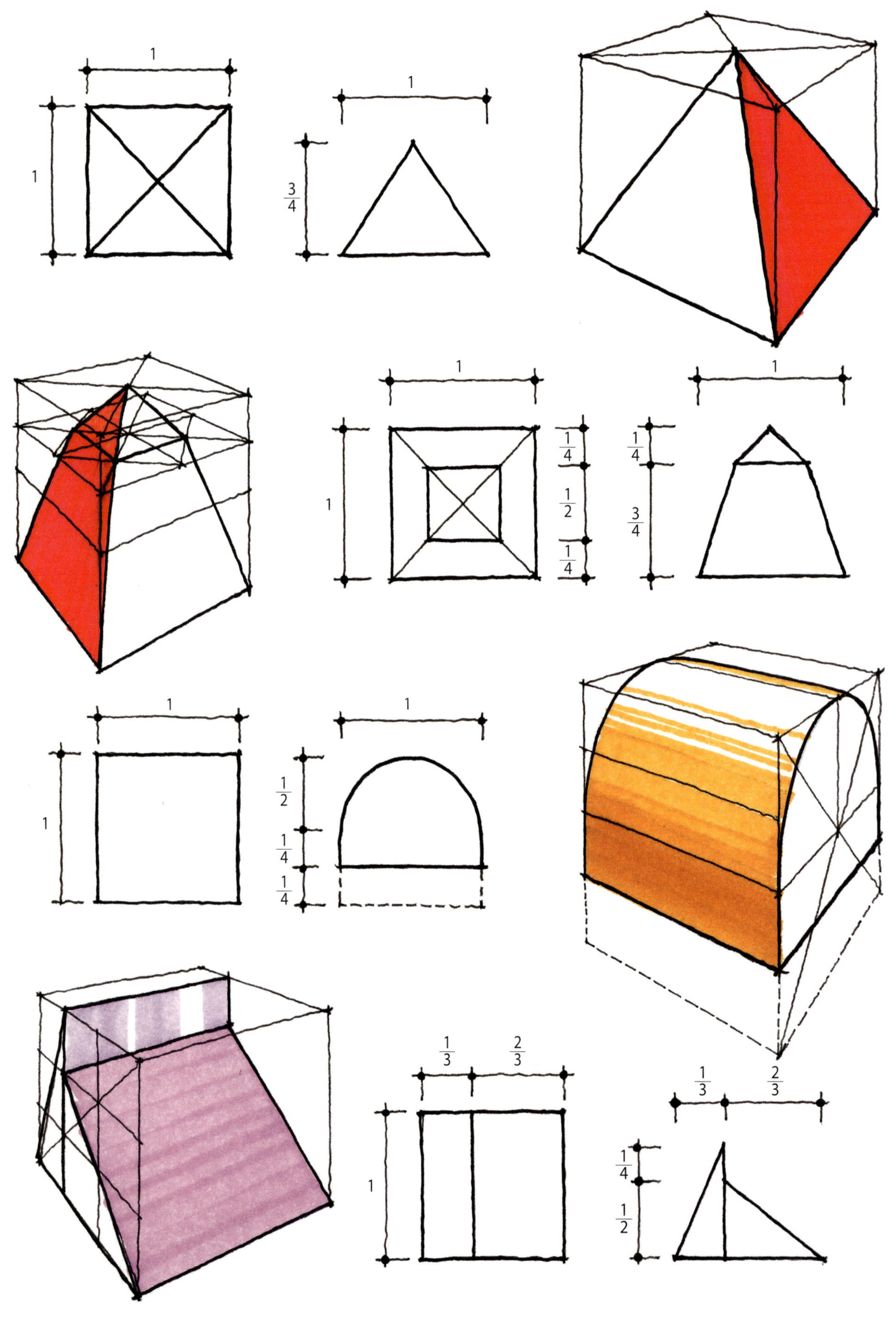
1
1
1
3/4
1
1
1/4
1/2
1/4
1
1/4
3/4
1
1
1
1/2
1/4
1/4
1/3
2/3
1
1/3
2/3
1/4
1/2

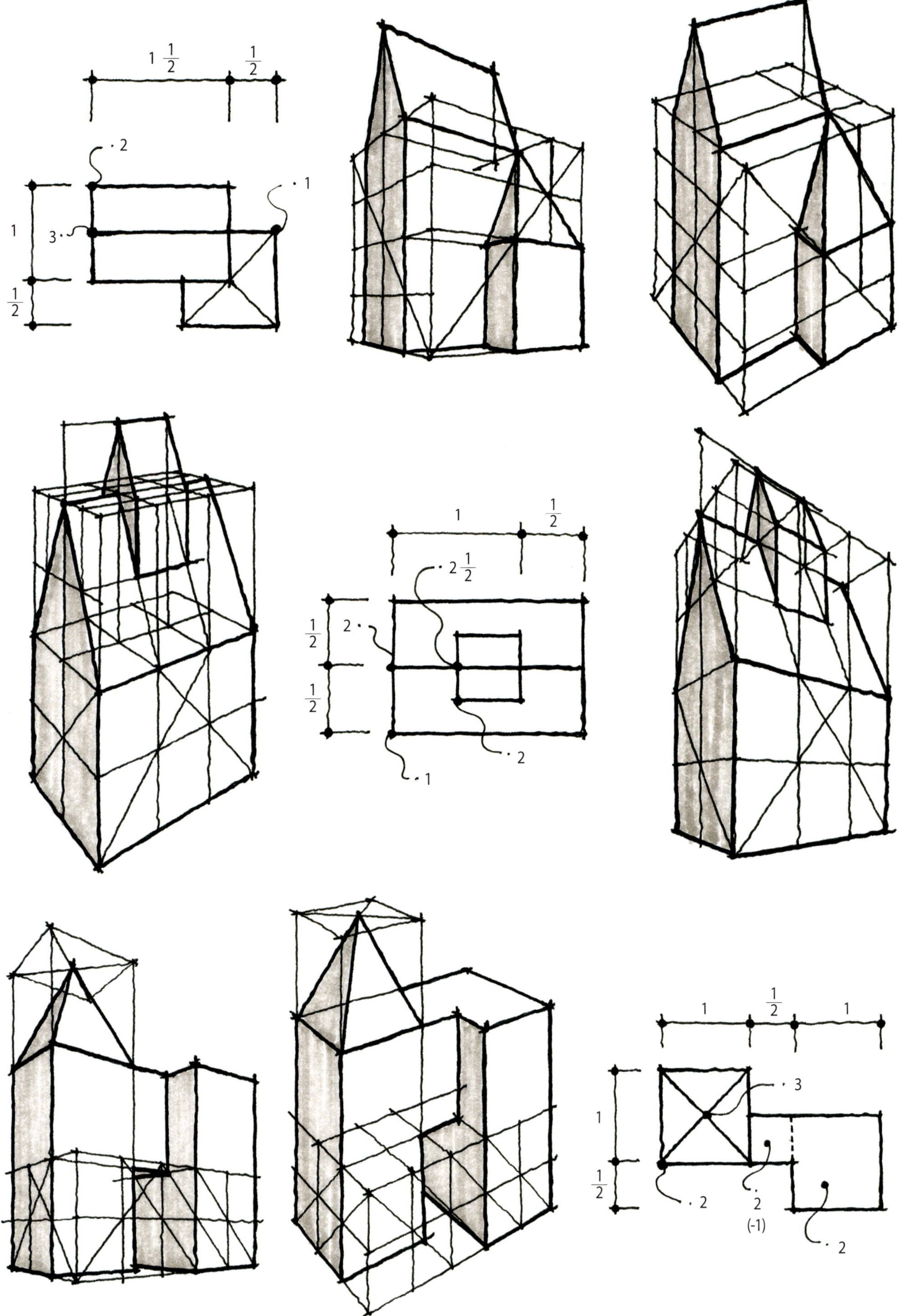

1 1/2
1/2
2
1
1
3
1/2
1
1/2
2 1/2
1/2
2
1/2
2
1
1
1/2
1
3
1
1/2
2
2
(-1)
2

08 그림자

그림자를 표현함으로써 사물을 더욱 입체적이고 사실적으로 표현할 수 있다. 따라해 보면서 원리를 이해하고 응용하여 본다.

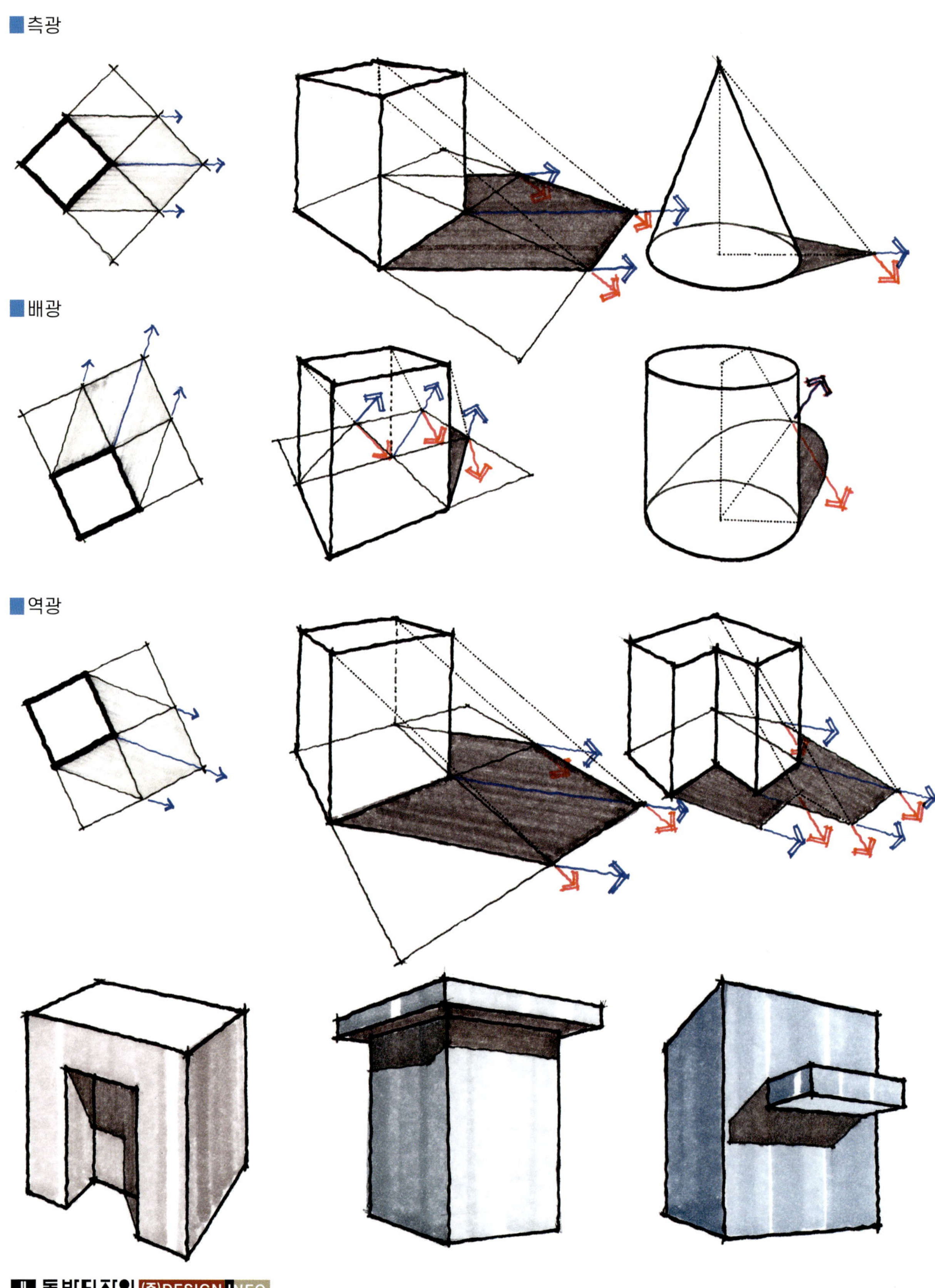

그림자의 예

측광은 광원의 각도가 일정하기 때문에 비교적 위치를 결정하기 쉽다.

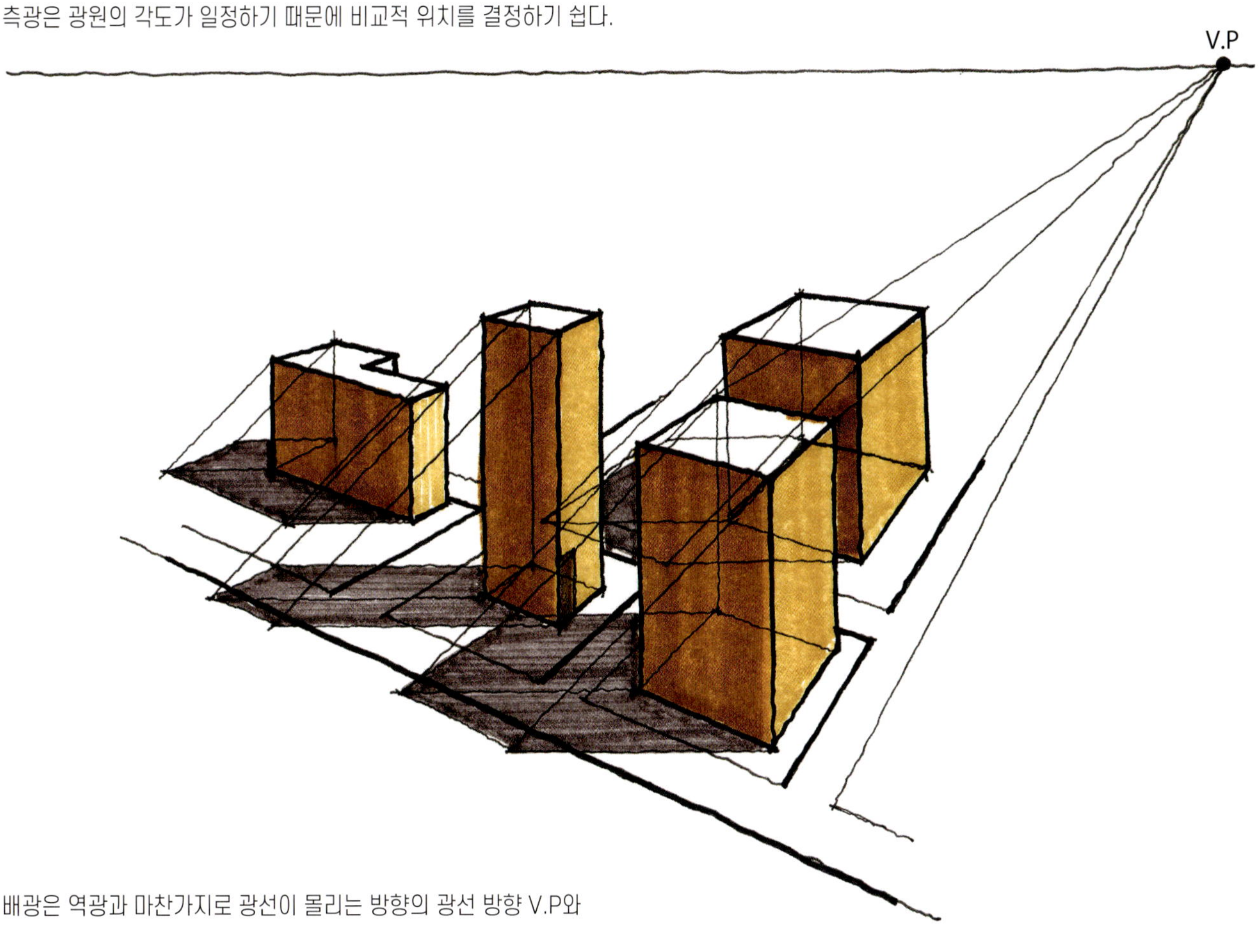

V.P

배광은 역광과 마찬가지로 광선이 몰리는 방향의 광선 방향 V.P와
그림자의 경계를 결정하는 광선의 V.P를 수직선 상의 위치에 결정한다.

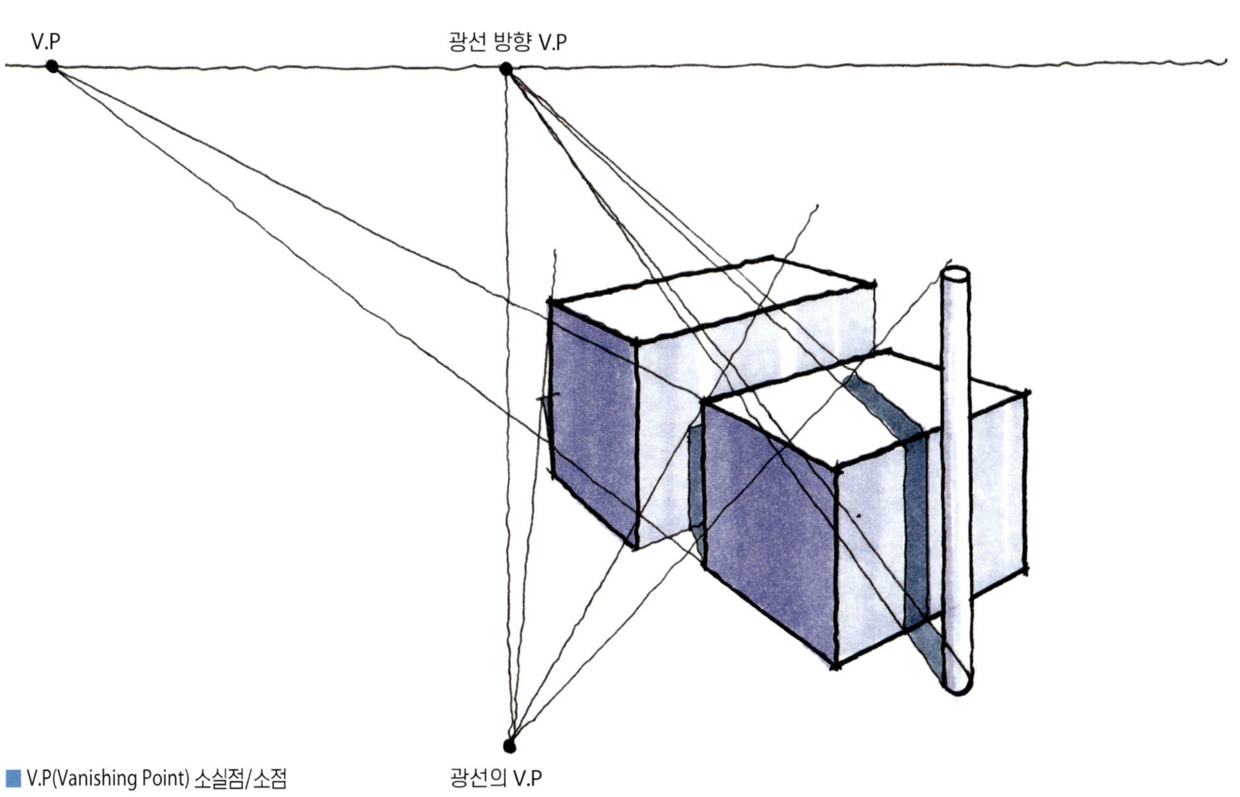

■ V.P(Vanishing Point) 소실점/소점

09 경영

물이나 거울과 같은 투영 상태를 이용하여 보다 더 사실적인 표현을 할 수 있다.

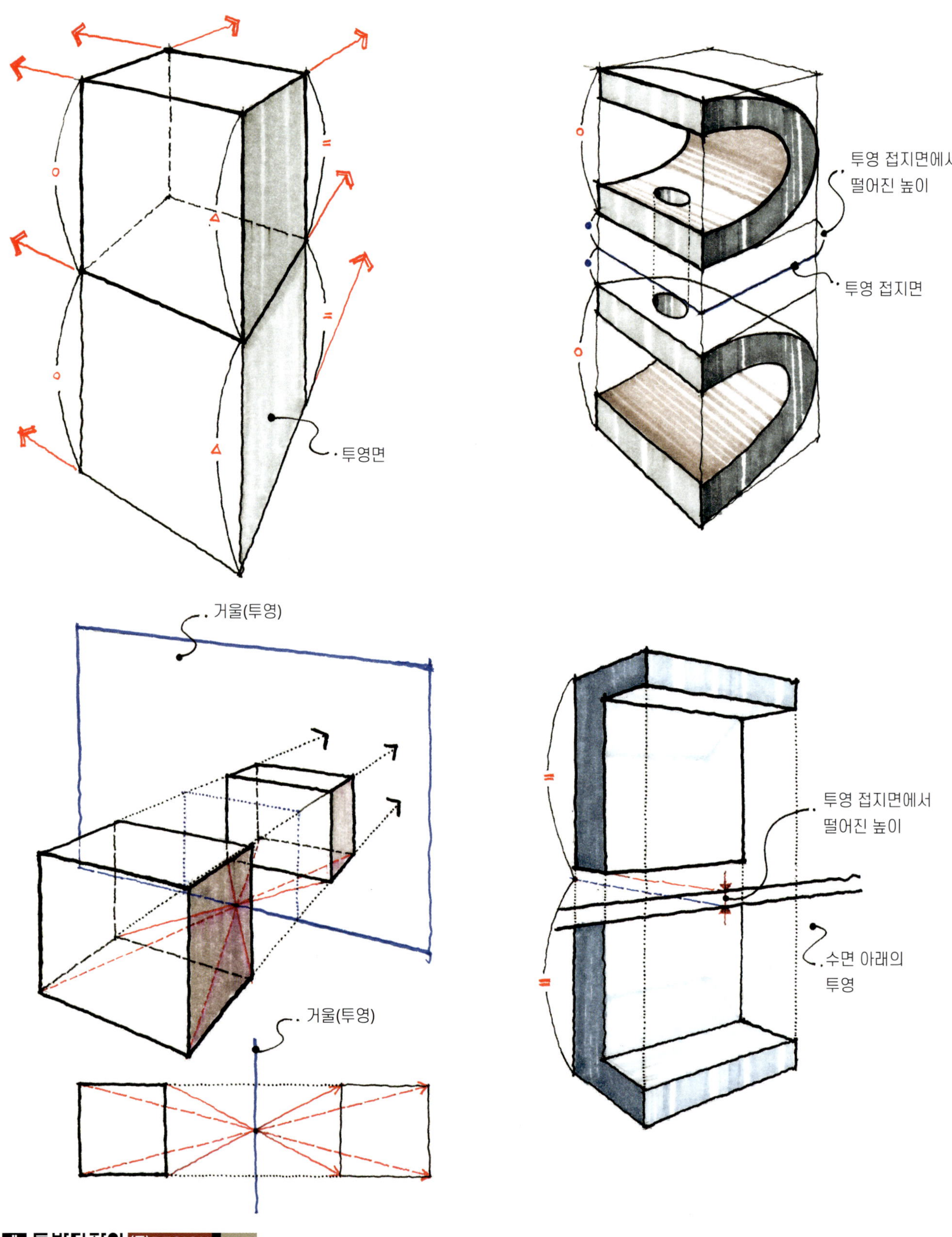

Architectural rough >>> sketch technic

part II

>> 주변환경및 관계테크닉

건축물은 주변 환경(구성 요소)에 의해 더욱 사실적이고 생동감 있게 표현된다. 수목, 자동차, 사람 등의 요소는 건물의 스케일감을 강화하고 동시에 사실감을 높여준다. 또한 상호 관계 표시는 설계자의 의도를 말이나 글보다 효과적으로 전달한다. 평면·입면·단면·입체 상황에 따라 구분해 표현해 보도록 한다.

1. 평면
2. 입면
3. 단면
4. 관계표시
5. 평면과의 관계
6. 입면과의 관계
7. 단면과의 관계
8. 수목
9. 자동차
10. 사람 · 도로

01 평면

수목(펜)

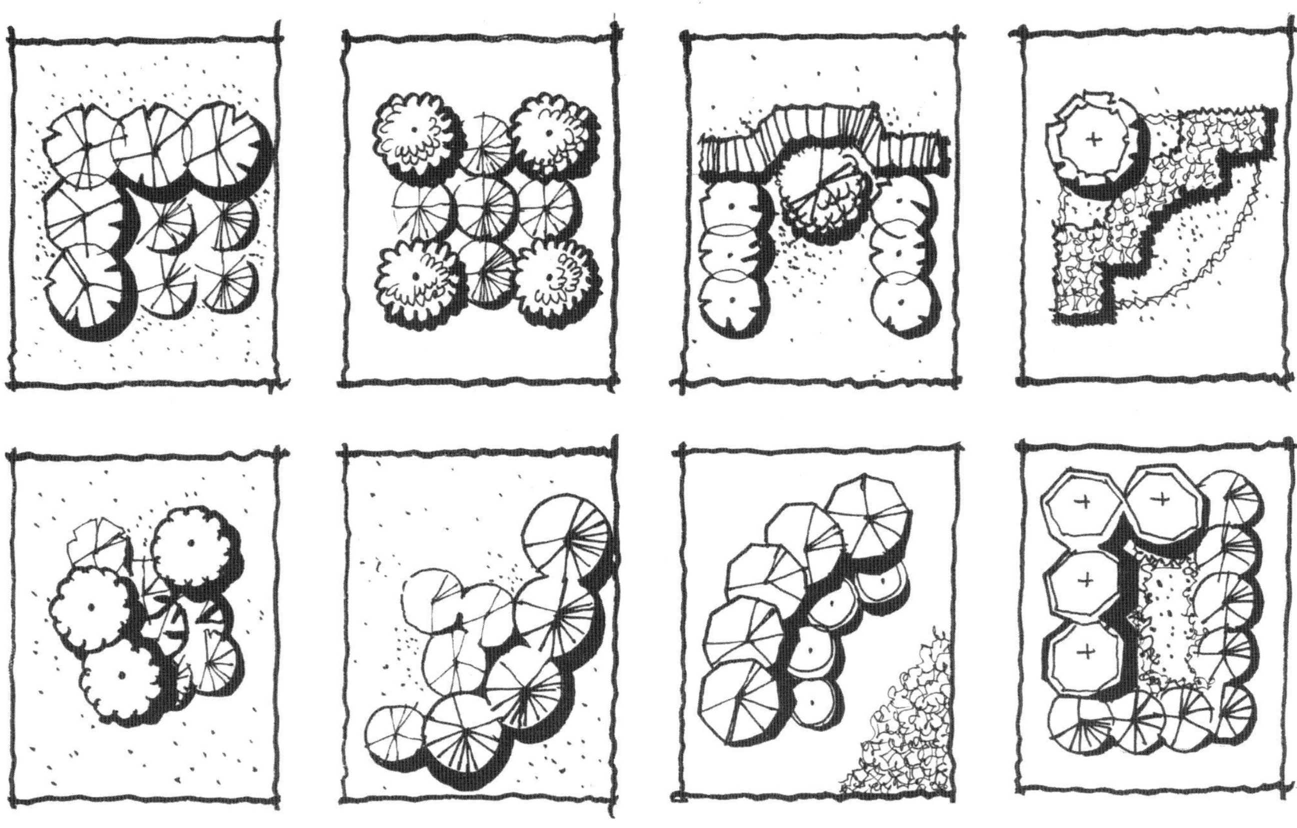

정자·퍼고라(펜)

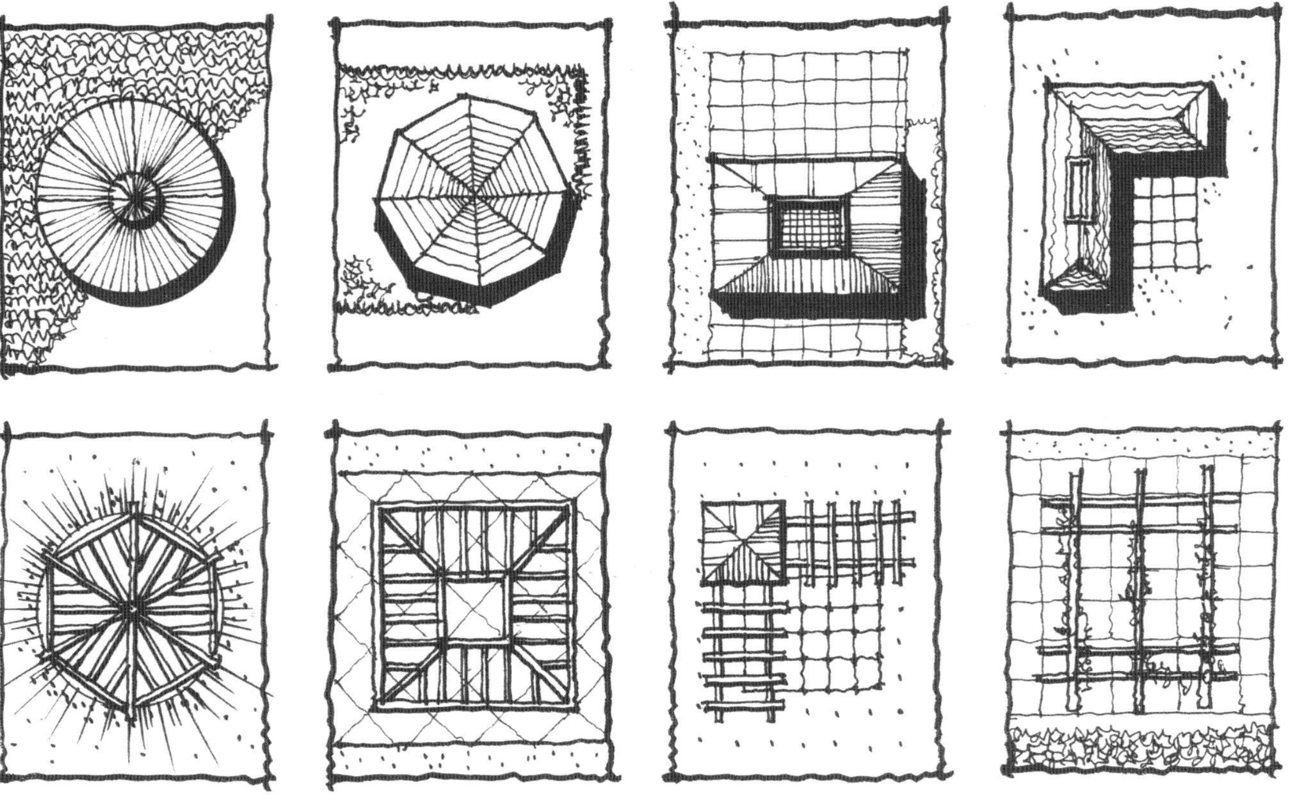

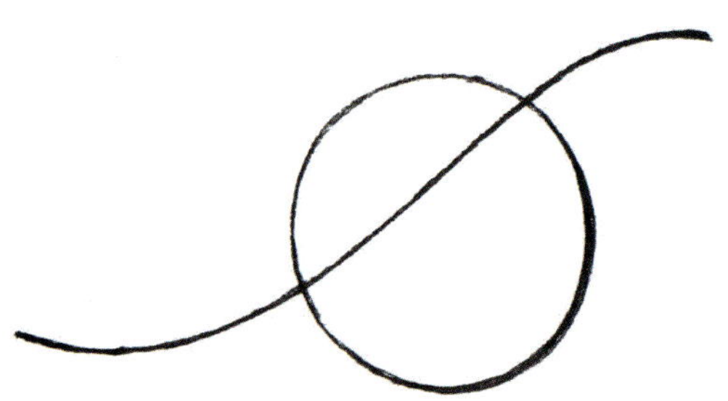

① 대지 경계선을 그리고, 중앙의 수목의 위치를 잡는다.

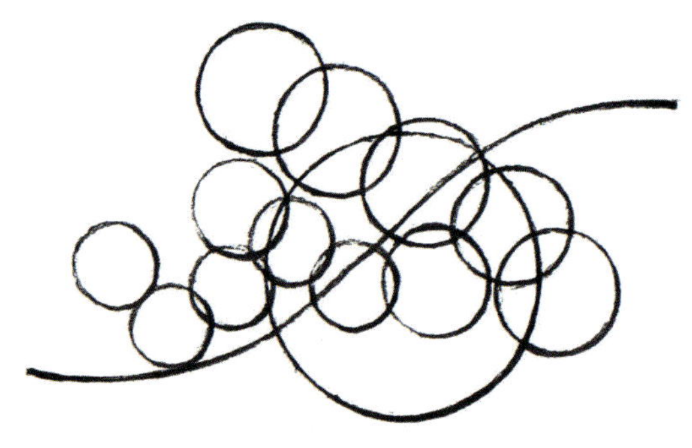

② 식수 계획에 따른 주변 수목들의 위치를 잡아준다.

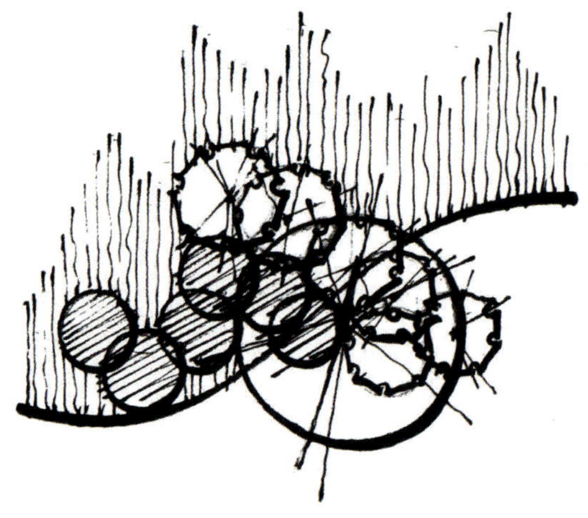

③ 굵은 펜으로 수목의 형태를 잡고 가는 펜으로 디테일한 수목 표현과 배경 표현을 해준다.

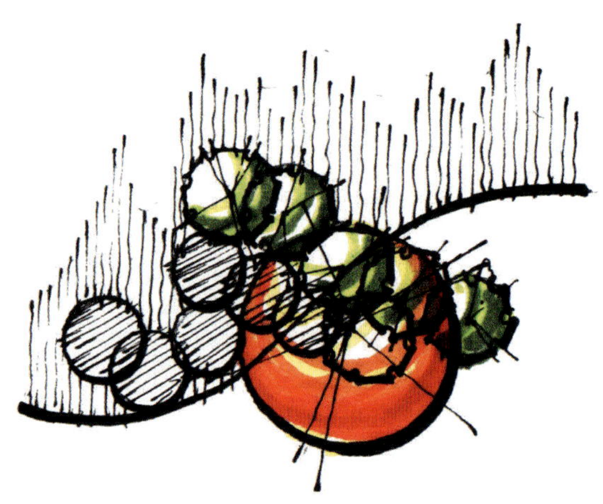

④ 중심 수목부터 연한색 밑바탕을 깔고 진한색 마커로 입체감을 나타낸다.

⑤ 마커로 배경을 칠한다.

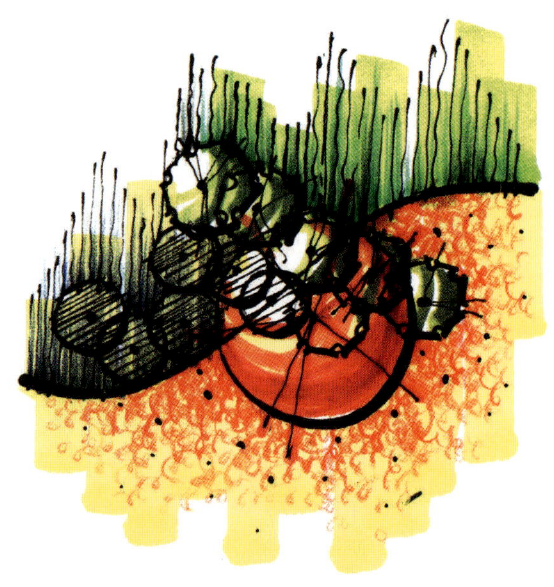

⑥ 색연필로 배경을 표현한다.

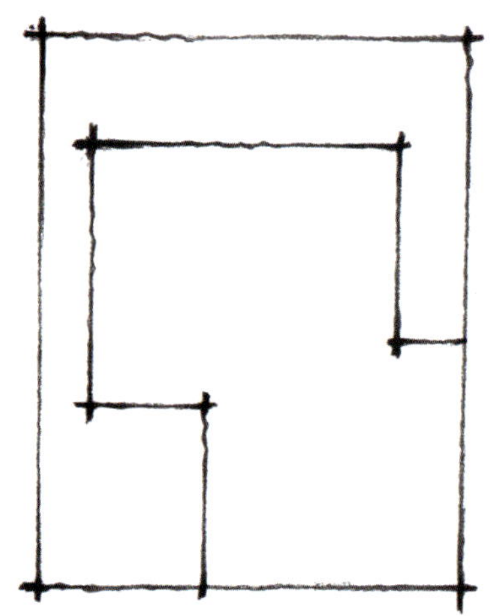

① 4x5 크기의 직사각형 테두리를 그린 뒤
시설물의 평면 형태를 비례에 맞춰 그려준다.

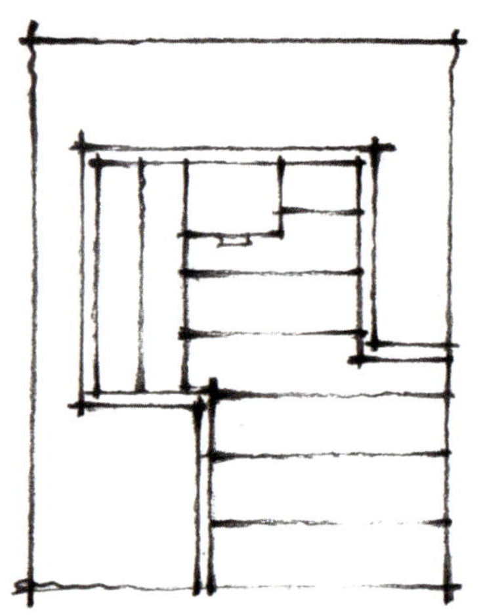

② 비례에 맞춰 구성요소들의 위치를 잡아준다.

③ 굵은 펜으로 빛에 따른 음영차를 표현해주고,
가는 펜으로 디테일한 재질 표현을 해준다.

④ 시설물 중요 요소를 먼저 마커로 컬러링 해준다.

⑤ 마커로 한 번 더 음영 차이를 나타내고
배경도 컬러링하여 마무리한다.

■시설물

02 입면

수목(펜)

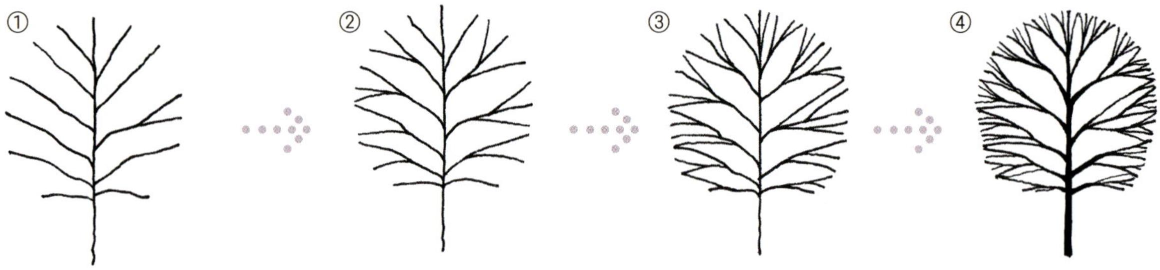

① ② ③ ④

기본 골격을 만든 후 세부적으로 추가하며 완성한다.

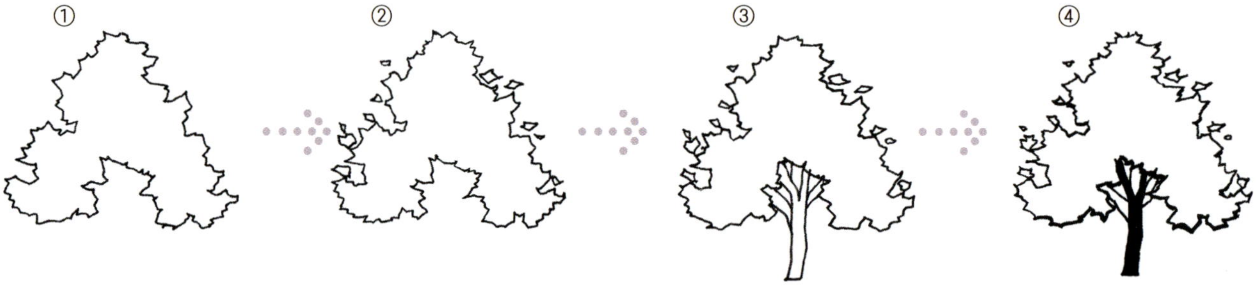

① ② ③ ④

기본 형태를 이루는 잎의 덩어리를 만든 후 가지와 줄기를 추가하여 완성한다.

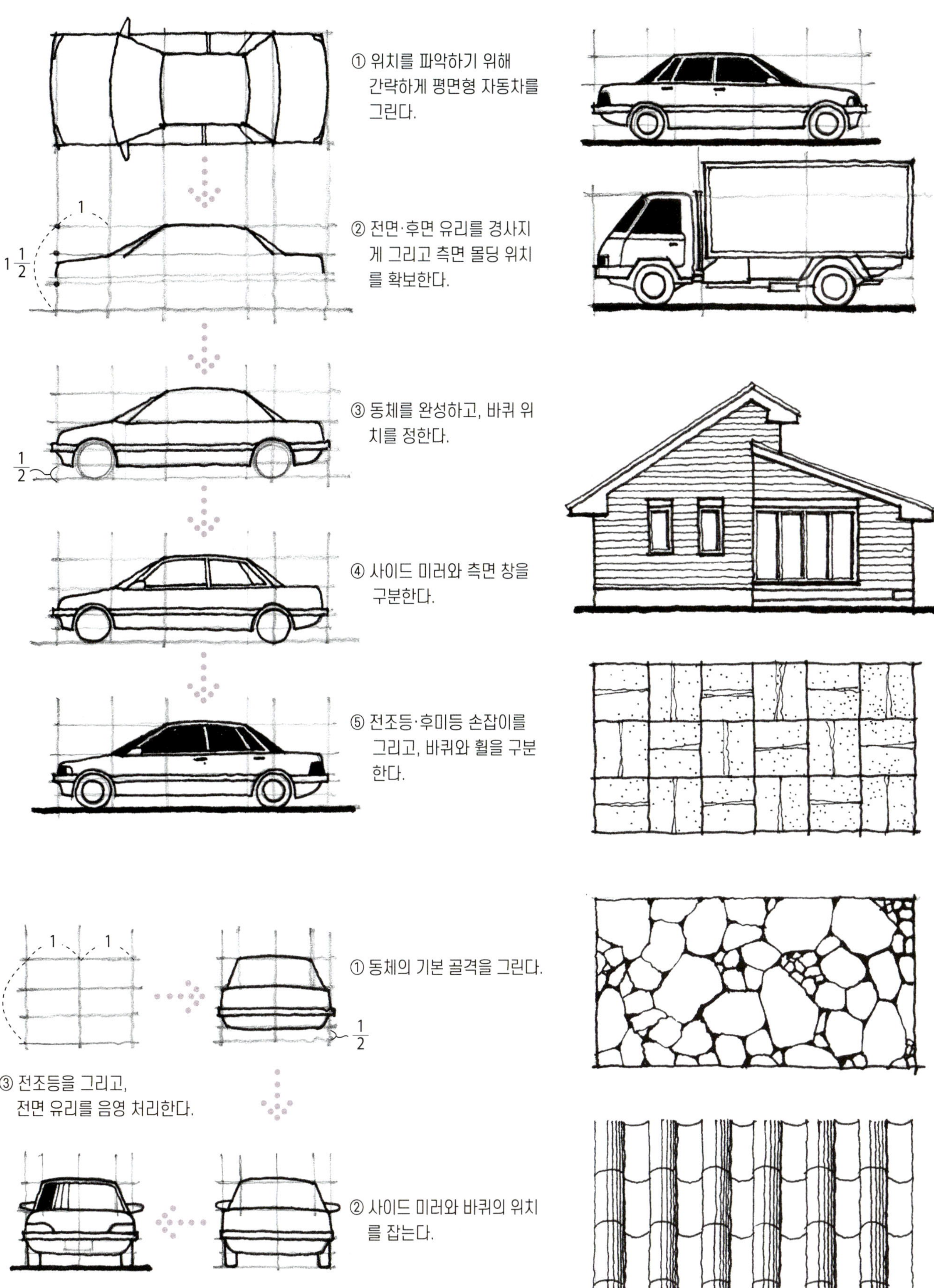
① 위치를 파악하기 위해 간략하게 평면형 자동차를 그린다.
1
1 1/2
② 전면·후면 유리를 경사지게 그리고 측면 몰딩 위치를 확보한다.
1/2
③ 동체를 완성하고, 바퀴 위치를 정한다.
④ 사이드 미러와 측면 창을 구분한다.
⑤ 전조등·후미등 손잡이를 그리고, 바퀴와 휠을 구분한다.
1
1
1 1/2
① 동체의 기본 골격을 그린다.
1/2
③ 전조등을 그리고, 전면 유리를 음영 처리한다.
② 사이드 미러와 바퀴의 위치를 잡는다.

입면 ① (채색)

■ 수목

① 세부 형태를 완성하고
여린 색상을 칠한다.

②, ③ 빛의 방향을 고려해서 점점 더 진하게
칠해 나간다.

④ 줄기와 가지를 칠하고
마무리한다.

■ 건물

① 건물의 형태를 그린다.

② 개구부를 칠한다.

③ 지붕의 그림자를 표현한다.

④ 창틀의 하이라이트를 처리하고, 주변 환경을
완성한다.

■ 자동차

① 자동차의 형태를 완성한다.

② 유리창을 음영차를 두어 칠한다.

③ 바퀴와 등을 칠하고, 동체의 하부를
점점 더 진하게 칠하여 마무리한다.

03 단면

단면(펜)

소실점의 위치를 임의로 정하고, 위치에 따른 면적 차이를 익혀둔다.

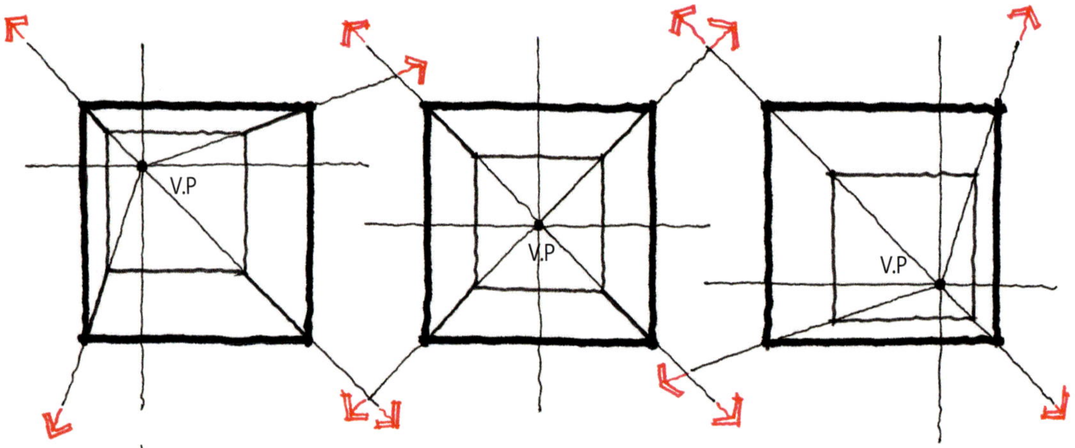

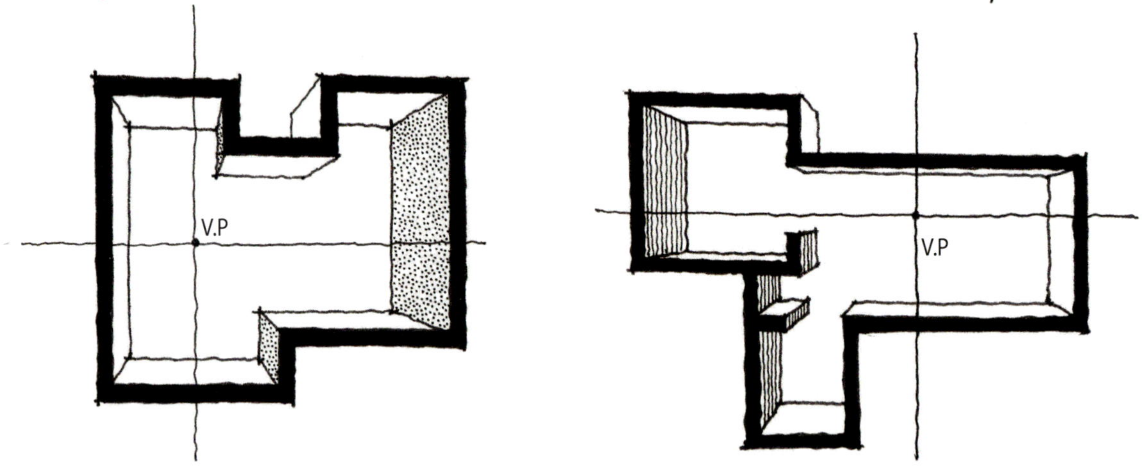

벽체의 높이는 하나를 결정한 후 벽면의 방향대로 돌려준다.

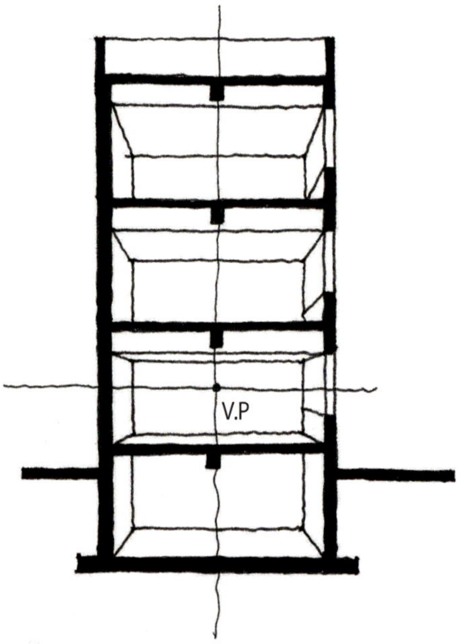

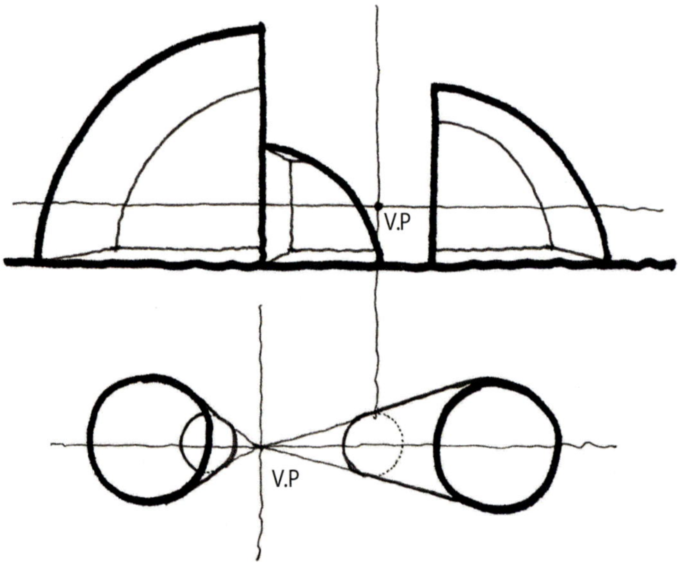

벽체의 깊이를 임의로 결정하여 관찰자 기준(시점)의 변화에 따른 면적의 차이를 익혀둔다.

V.P(Vanishing Point) 소실점 / 소점

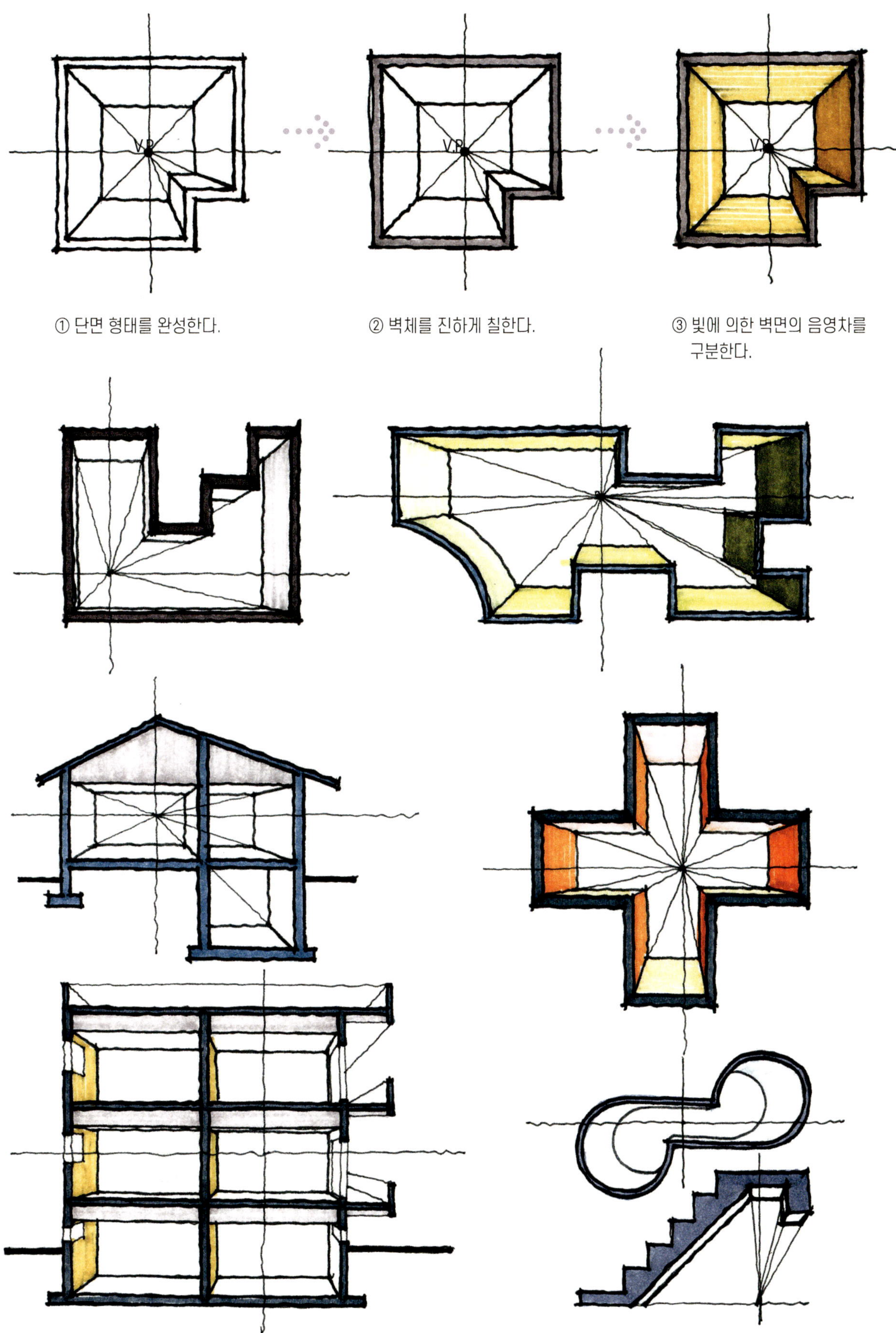

① 단면 형태를 완성한다.

② 벽체를 진하게 칠한다.

③ 빛에 의한 벽면의 음영차를 구분한다.

04 관계표시

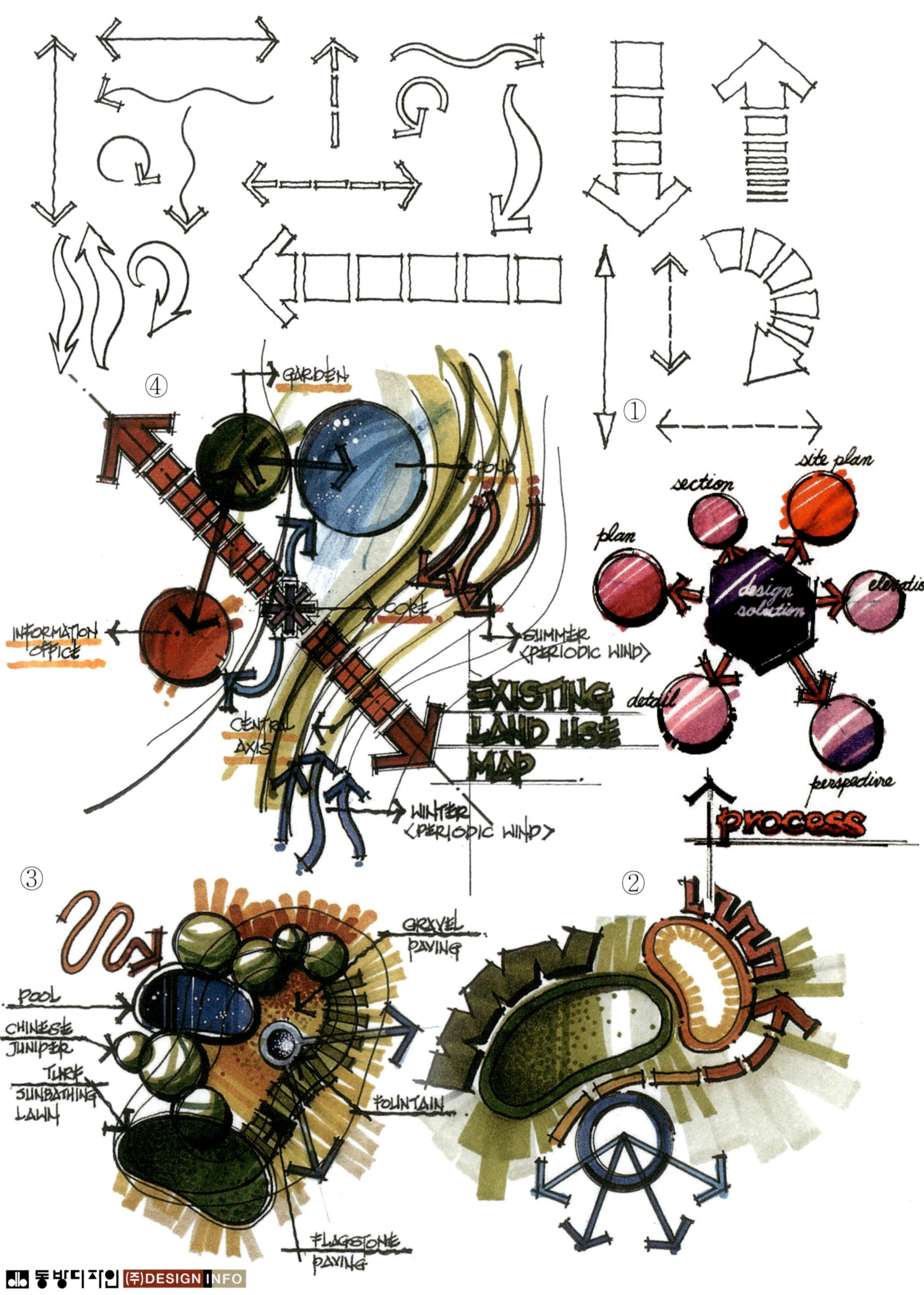
④
GARDEN
POND
CORE
INFORMATION OFFICE
SUMMER
(PERIODIC WIND)
EXISTING LAND USE MAP
CENTRAL AXIS
WINTER
(PERIODIC WIND)
①
site plan
section
plan
design solution
elevation
detail
perspective
process
③
②
GRAVEL PAVING
POOL
CHINESE JUNIPER
TURF SUNBATHING LAWN
FOUNTAIN
FLAGSTONE PAVING

관계표시 (펜, 채색)

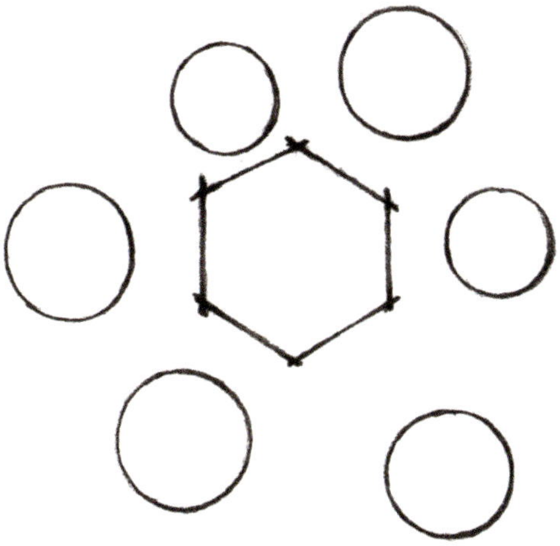

① 중심핵을 그리고 버블의 위치를 잡는다.

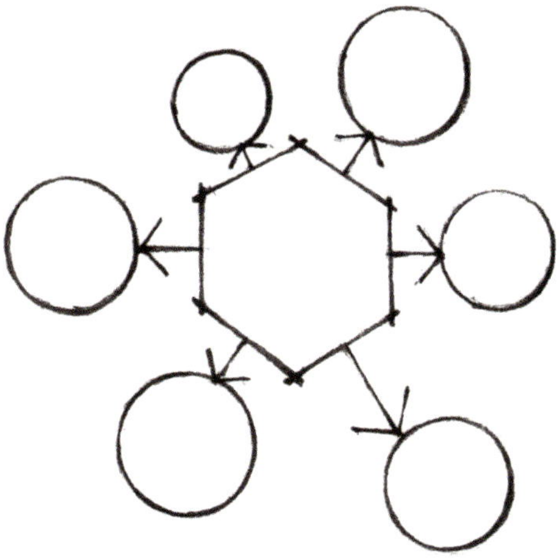

② 중심핵에서 버블 위치에 직각으로
화살표를 그린다.

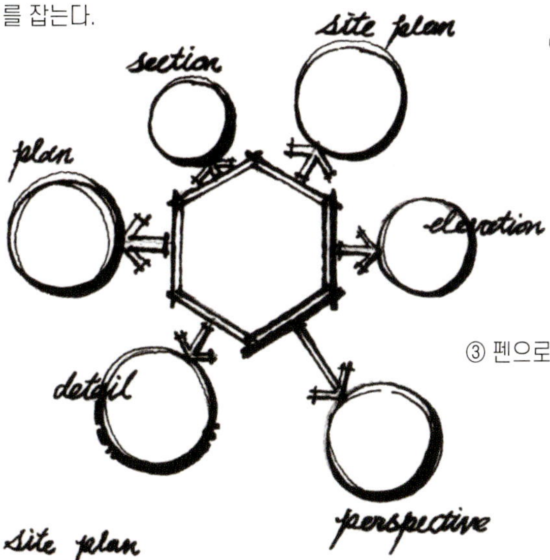

③ 펜으로 형태를 그린다.

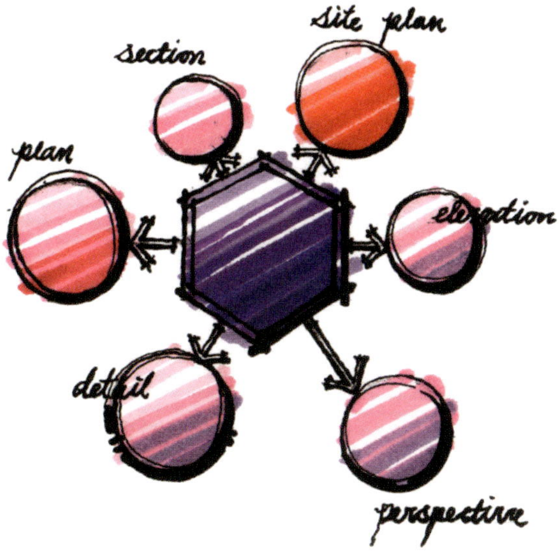

④ 중심핵을 먼저 컬러링하고 나서,
주변 버블들도 컬러링한다.

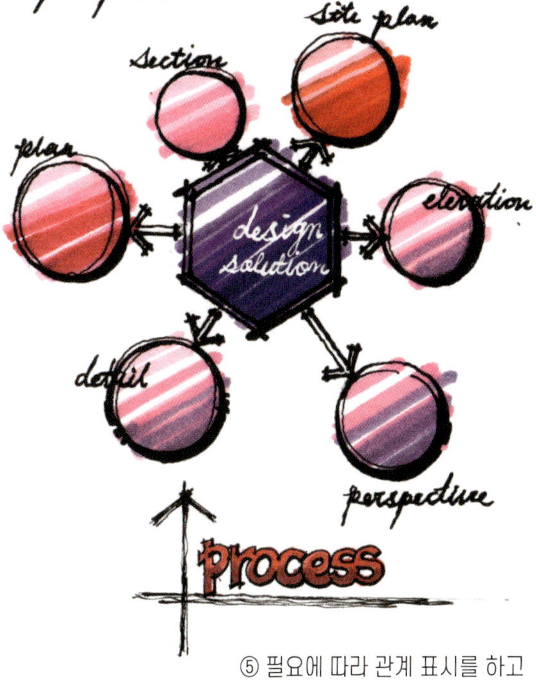

⑤ 필요에 따라 관계 표시를 하고
중요 명칭과 도면명을 넣고 완성한다.

05 평면과의 관계

평면과의 관계 (펜)

① 건물의 평면을 그린다.

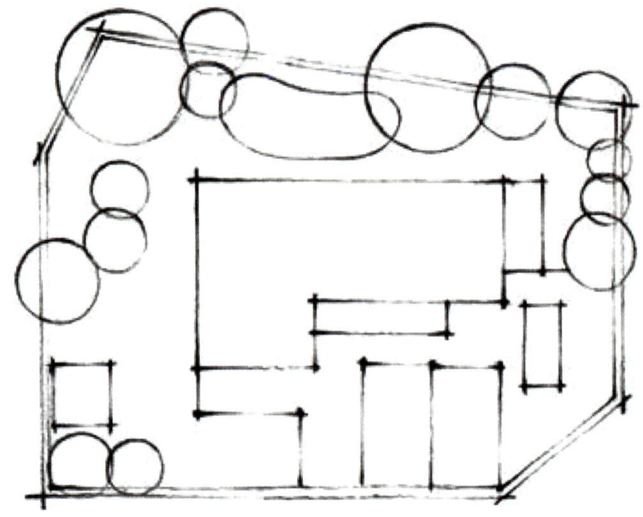

② 대지경계선을 먼저 그린 다음, 추가 구성과 식수 계획에 따른 수목, 조경 시설 등의 위치를 잡아준다.

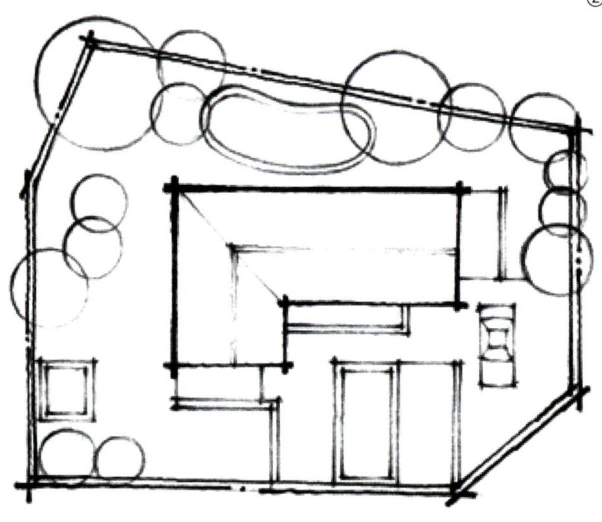

③ 굵은 펜으로 건물의 평면을 먼저 그리고, 대지경계선을 그린다.

④ 굵은 펜으로 수목, 조경 시설 등을 그리고, 가는 펜으로 디테일한 부분을 잡아준다. 필요에 따라 한계 표시를 해준다.

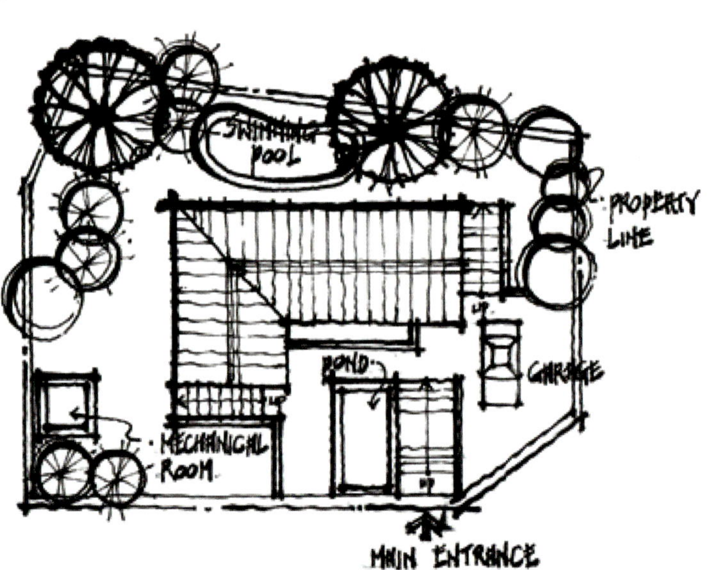

평면과의 관계 (채색)

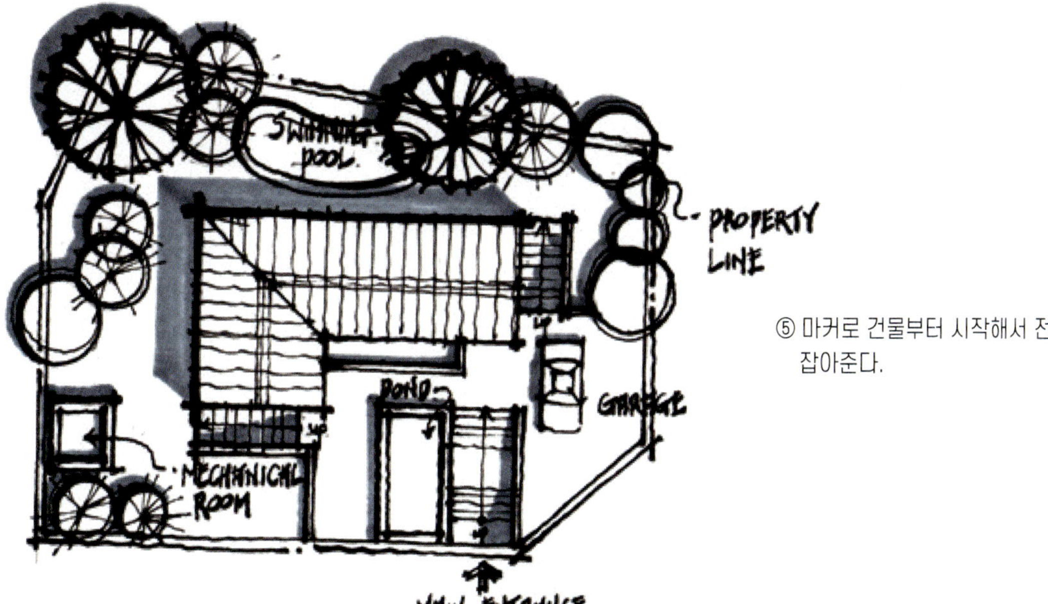

⑤ 마커로 건물부터 시작해서 전체 그림자를 잡아준다.

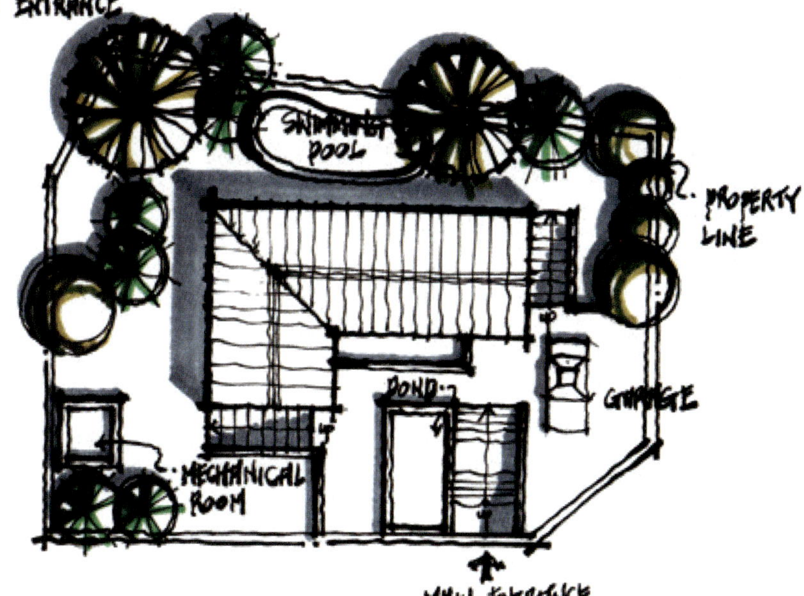

⑥ 마커로 수목을 표현한다.

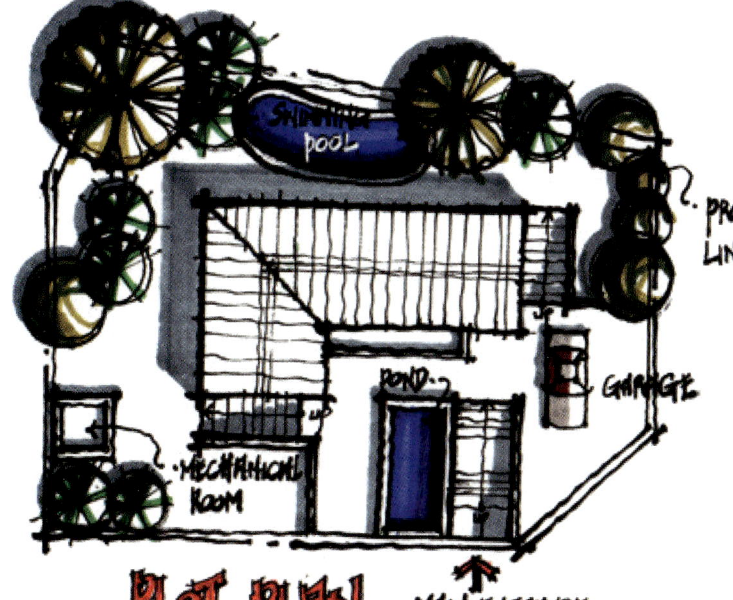

⑦ 마커로 기타 조경 시설(수영장, 자동차 등)을 표현하고 관계표시와 도면명을 넣어 완성한다.

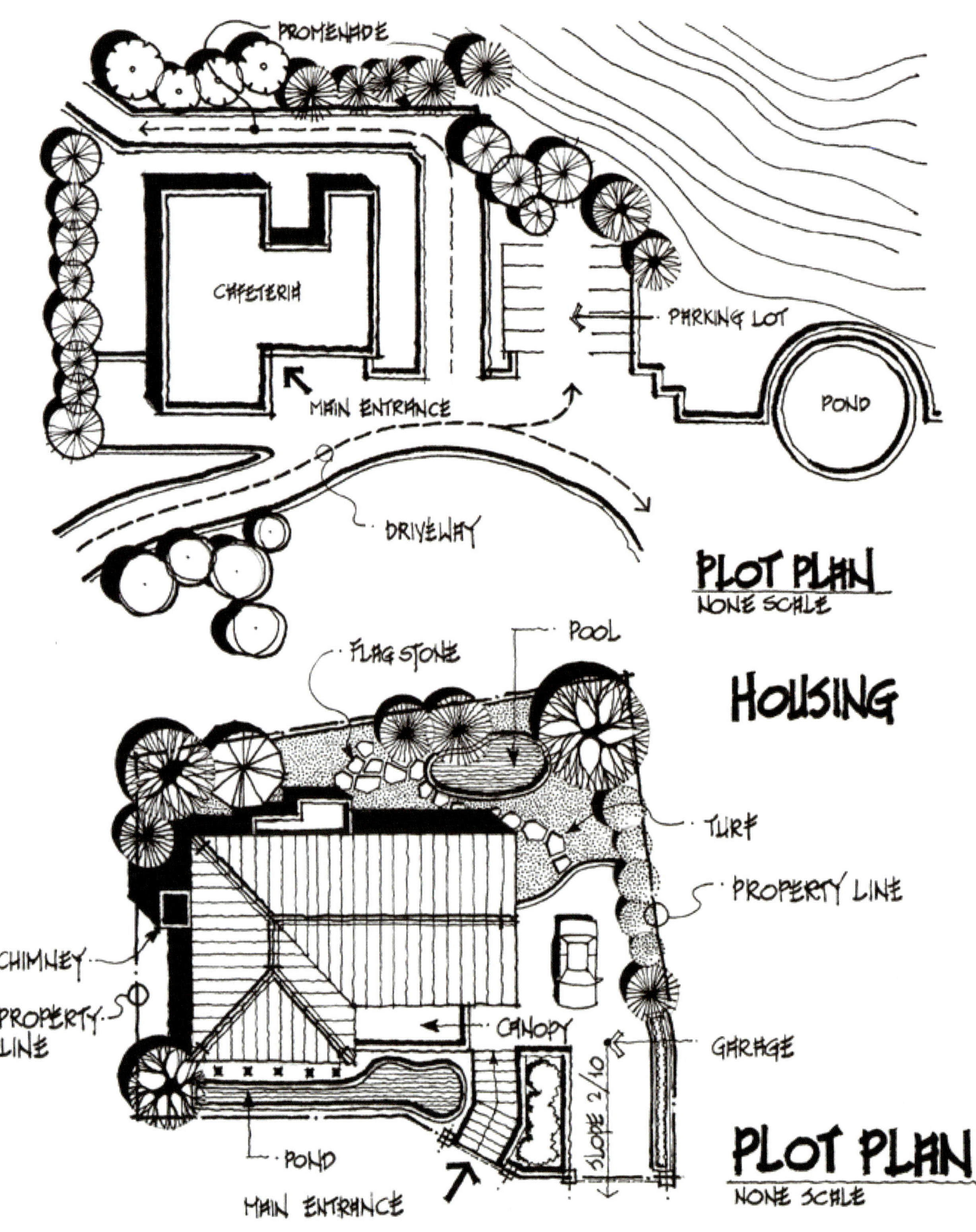

- Plot plan(Site plan) 배치도
- None scale 임의축척
- Promenade 산책로
- Cafeteria 카페테리아
- Main entrance 주출입구
- Driveway 차로
- Parking lot 주차장
- Pond(Pool) 연못
- Flag stone 깔돌(판석)
- Chimney 굴뚝
- Property line 대지경계선
- Canopy 차양
- Turf 잔디
- Garage 차고
- Slope 구배(물매/경사)

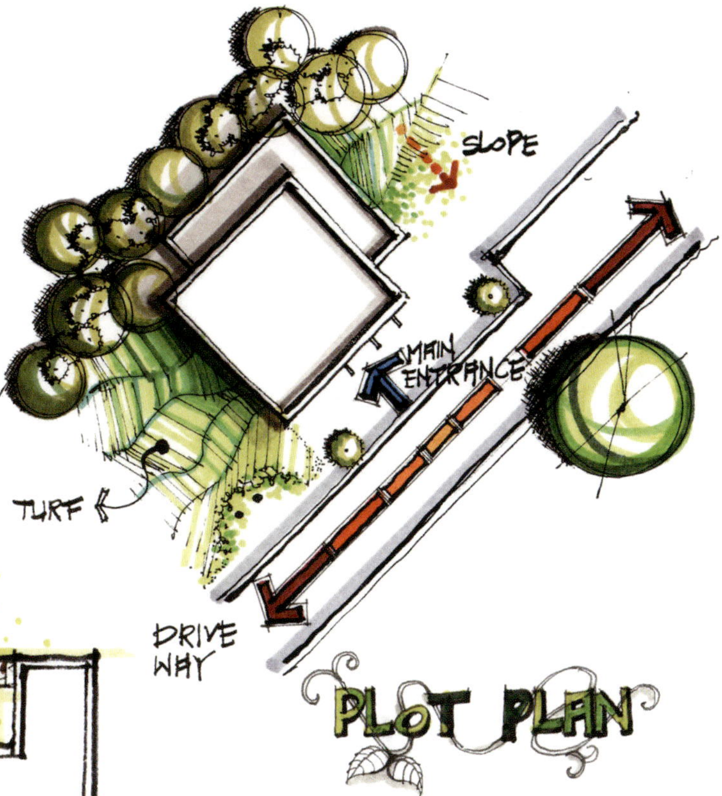

SLOPE
MAIN ENTRANCE
TURF
DRIVE WAY
PLOT PLAN

HOUSE
LAWN
ENTRY WAY

DRIVEWAY
LAWN SPRINKLER
PARKING AREA
FOUNTAIN
ESPLANADE
SLOPE 1/5
PROMENADE
SLOPE 1/10

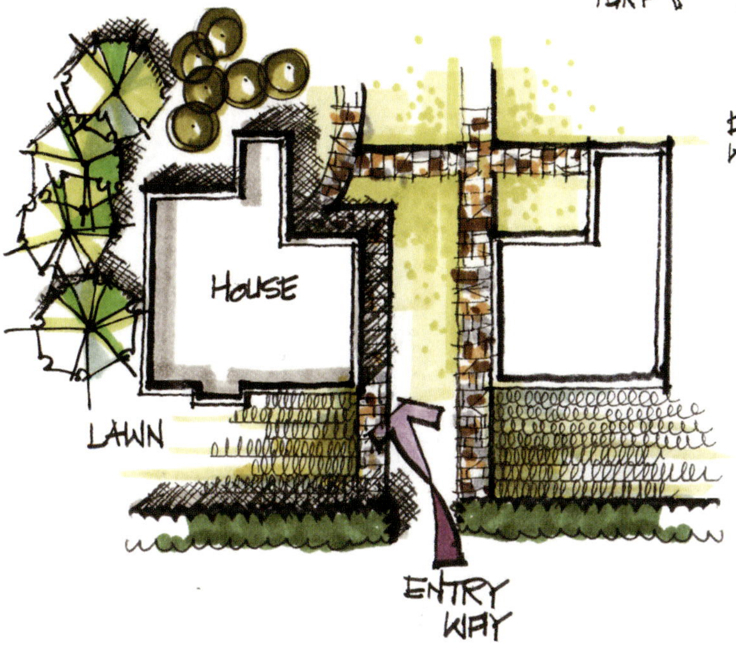

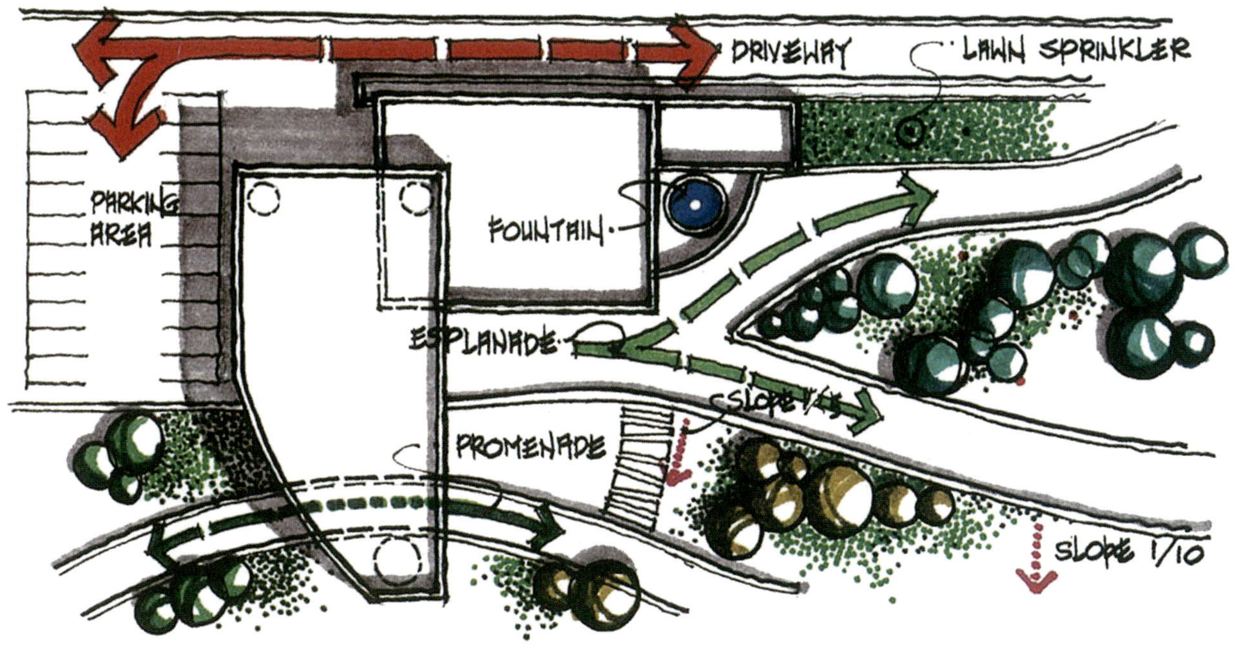

06 입면과의 관계

입면과의 관계(펜)

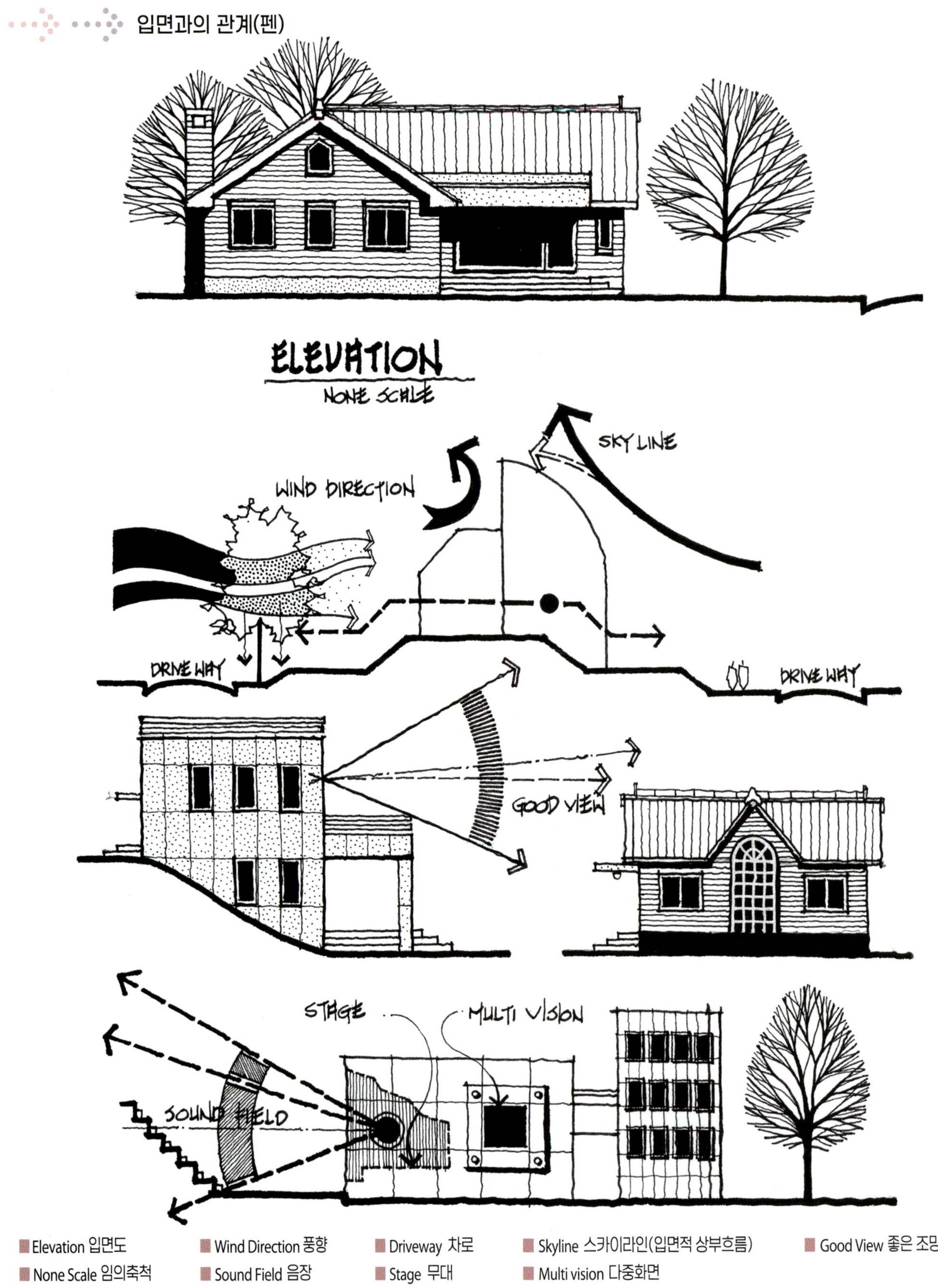

■ Elevation 입면도 ■ Wind Direction 풍향 ■ Driveway 차로 ■ Skyline 스카이라인(입면적 상부흐름) ■ Good View 좋은 조망
■ None Scale 임의축척 ■ Sound Field 음장 ■ Stage 무대 ■ Multi vision 다중화면

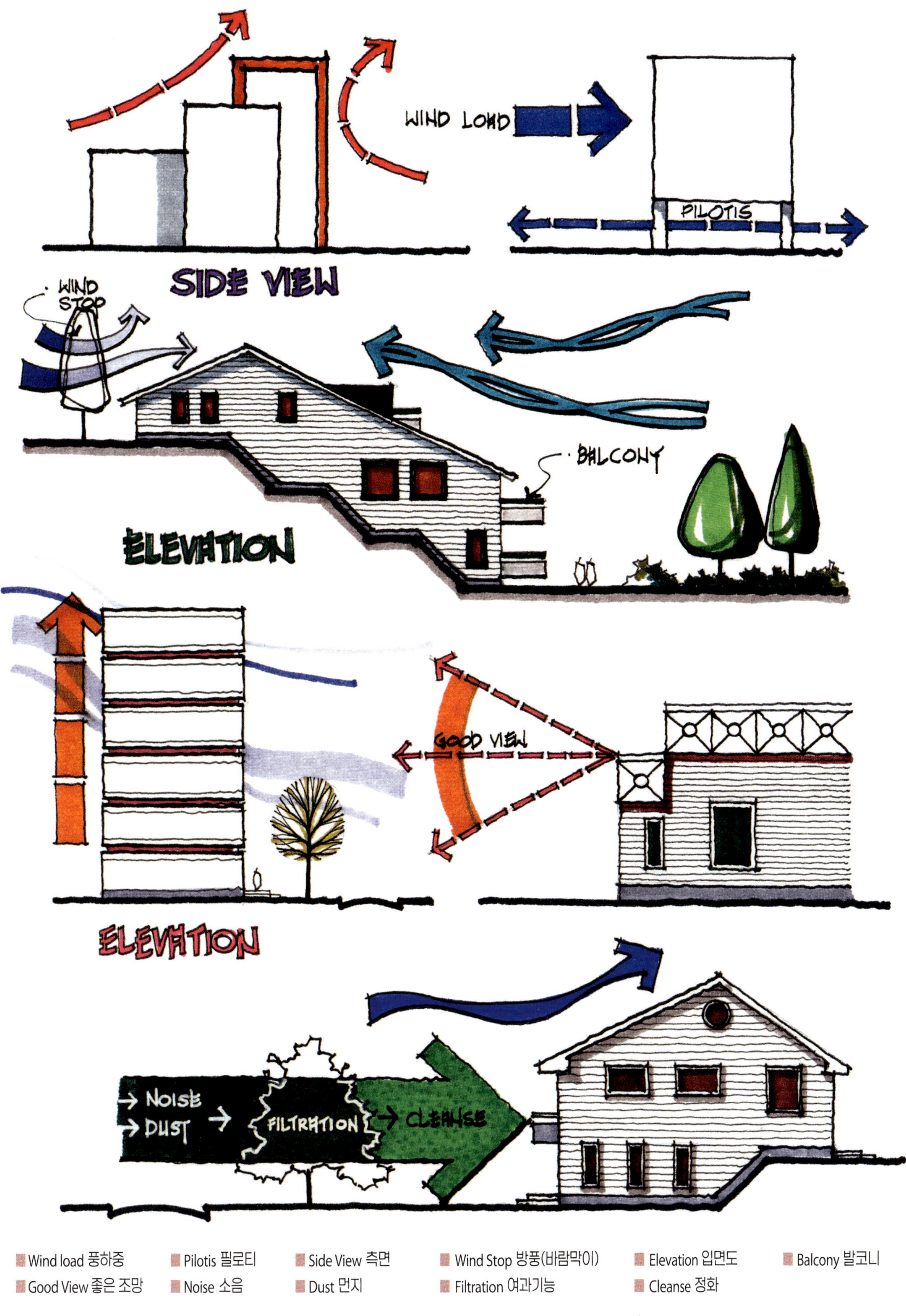

■ Wind load 풍하중 ■ Pilotis 필로티 ■ Side View 측면 ■ Wind Stop 방풍(바람막이) ■ Elevation 입면도 ■ Balcony 발코니
■ Good View 좋은 조망 ■ Noise 소음 ■ Dust 먼지 ■ Filtration 여과기능 ■ Cleanse 정화

07 단면과의 관계

단면과의 관계(펜)

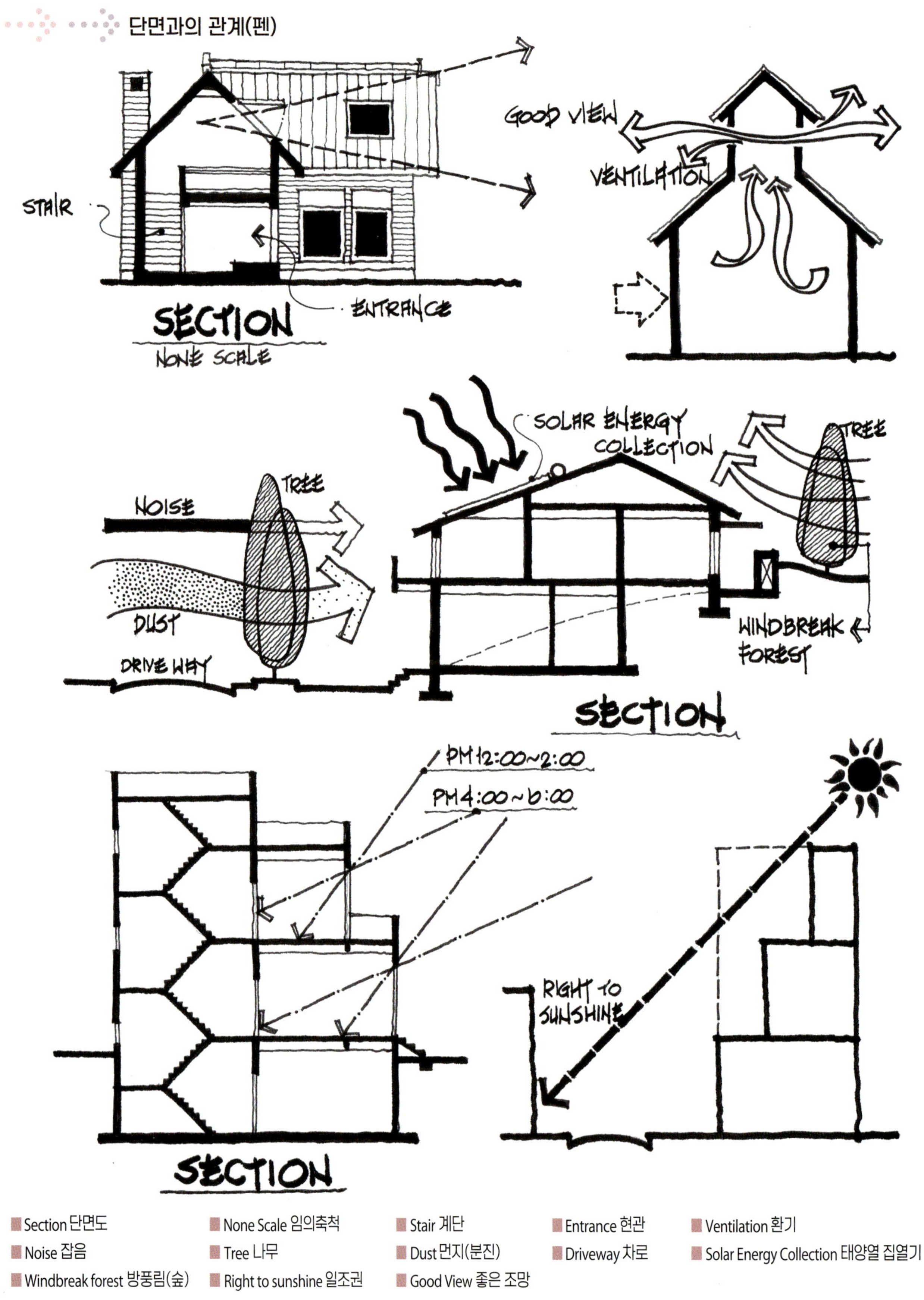

- Section 단면도
- None Scale 임의축척
- Stair 계단
- Entrance 현관
- Ventilation 환기
- Noise 잡음
- Tree 나무
- Dust 먼지(분진)
- Driveway 차로
- Solar Energy Collection 태양열 집열기
- Windbreak forest 방풍림(숲)
- Right to sunshine 일조권
- Good View 좋은 조망

단면과의 관계(채색)

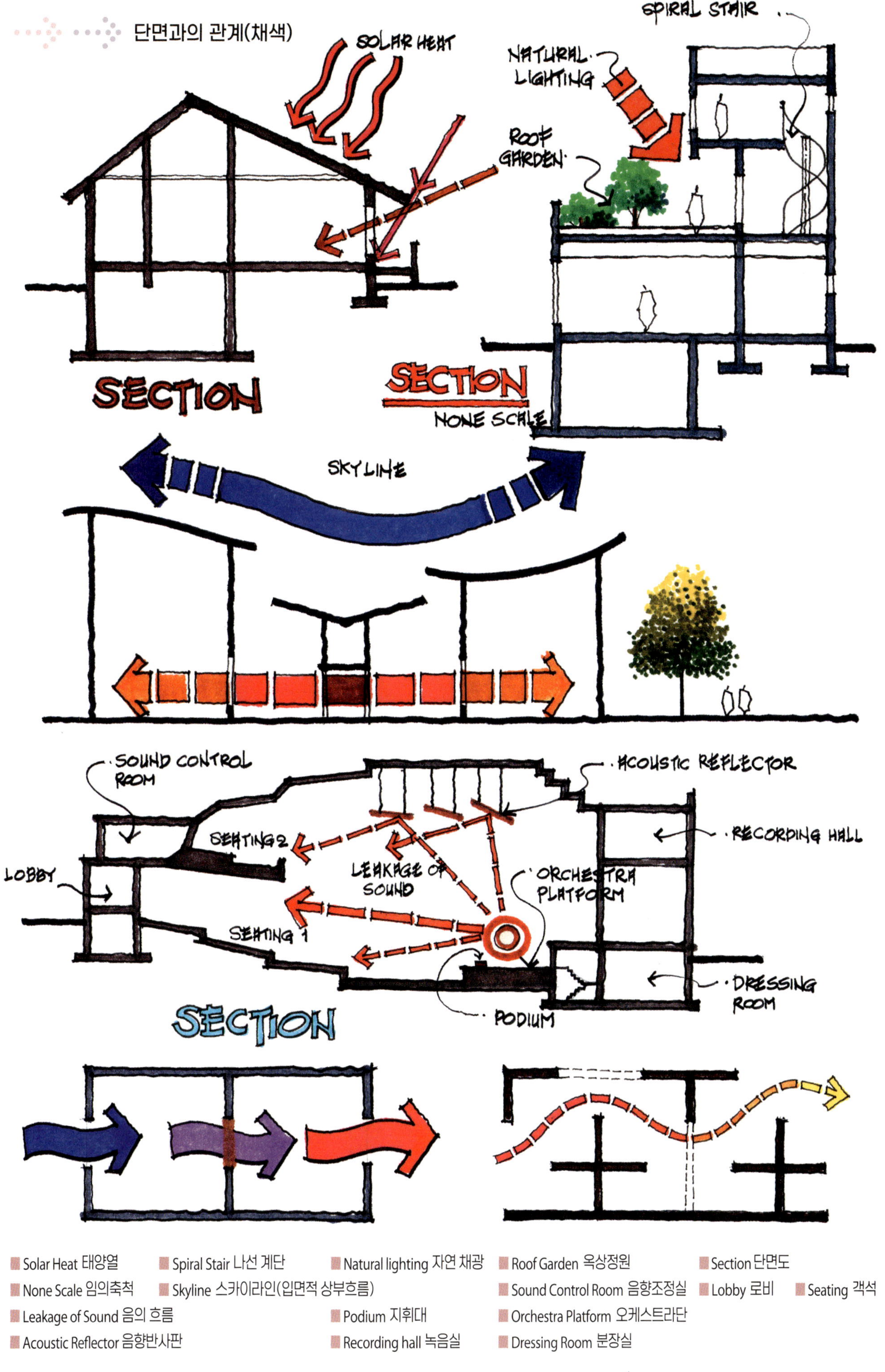

- Solar Heat 태양열
- Spiral Stair 나선 계단
- Natural lighting 자연 채광
- Roof Garden 옥상정원
- Section 단면도
- None Scale 임의축척
- Skyline 스카이라인(입면적 상부흐름)
- Sound Control Room 음향조정실
- Lobby 로비
- Seating 객석
- Leakage of Sound 음의 흐름
- Podium 지휘대
- Orchestra Platform 오케스트라단
- Acoustic Reflector 음향반사판
- Recording hall 녹음실
- Dressing Room 분장실

08 수목

외부 수목(간략) 패턴을 이용하여 침엽수와 활엽수를 표현해 보자.

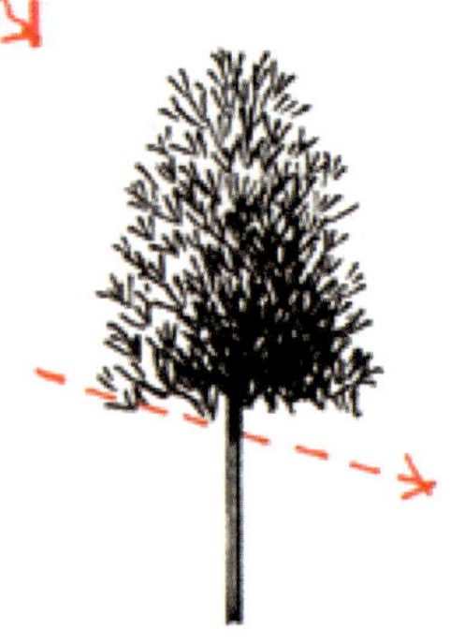

① 패턴으로 나무의 형태를 생각하면서 모양을 만든다.

② 왼쪽 빛 방향을 고려하여 입체감을 표현한다.

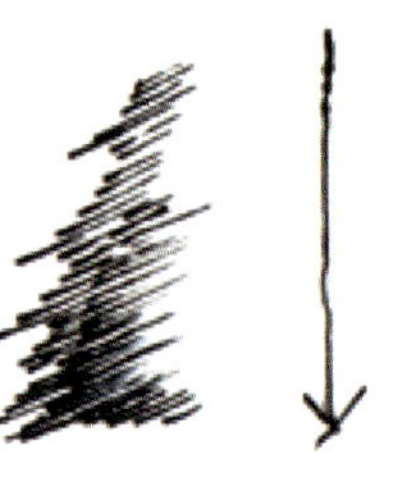

① 패턴으로 나무의 형태를 생각하면서 모양을 만든다.

② 오른쪽 빛 방향을 고려하여 입체감을 표현한다.

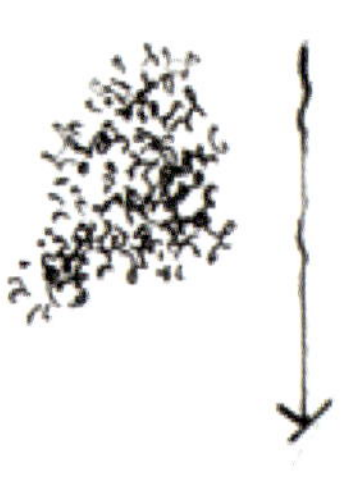

① 패턴으로 나무의 형태를 생각하면서 모양을 만든다.

② 왼쪽 빛 방향을 고려하여 입체감을 표현한다.

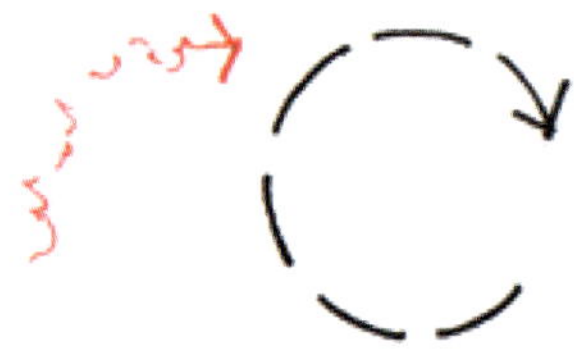
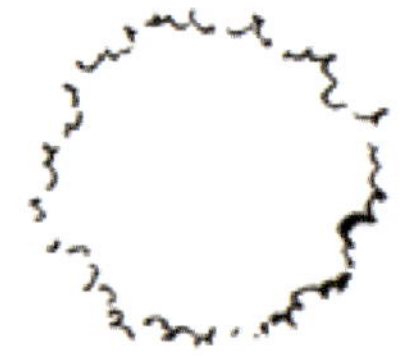

① 패턴으로 둥근 원을 그리듯이 모양을 만든다.

② 왼쪽 빛 방향을 고려하여 입체감을 표현한다.

09 자동차

① 수평과 수직 보조선을 긋는다.

② 완만한 임의의 사선을 긋고, 반대편을 동일한 각도로 긋는다.

③ 동체의 높이를 임의로 정하고, 입체적인 흐름에 맞게 아래를 긋는다.

④ 동체의 높이에 비례하여 양쪽 끝을 결정한다.

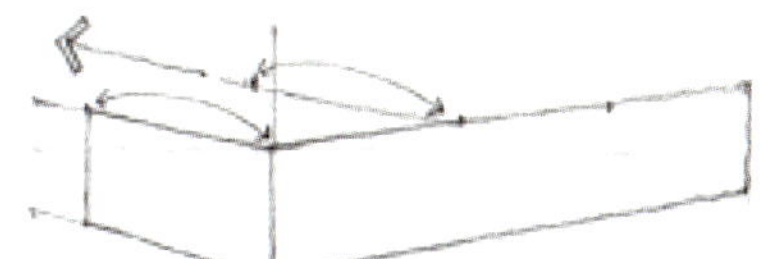

⑤ 소실점 흐름으로 긋는다.

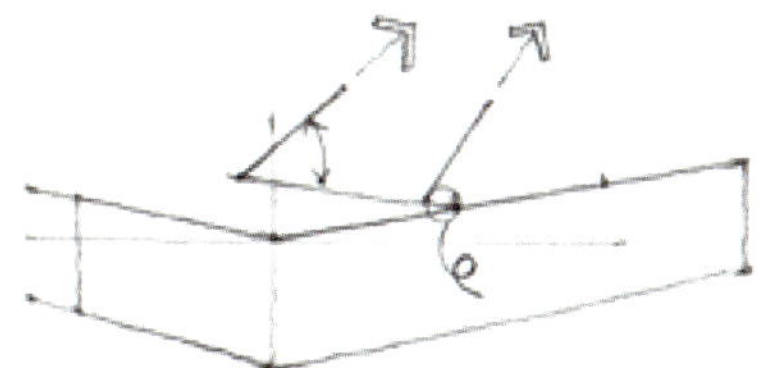

⑥ 대략 45° 정도의 사선을 긋고, 두 번째 사선은 그보다 각을 조금 크게 잡는다.

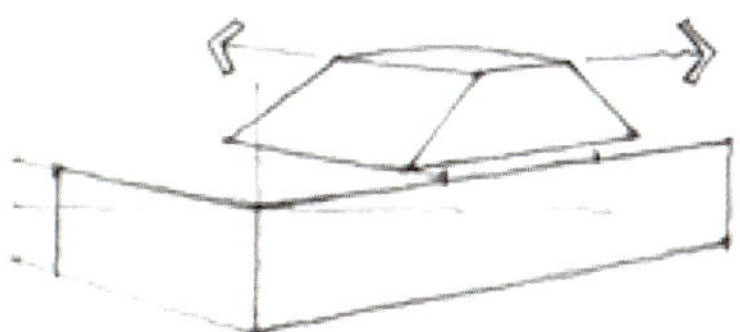

⑦ 후면 창의 끝을 결정하고, 두 번째 사선과 같거나 약간 큰 각으로 긋고, 지붕을 덮는다.

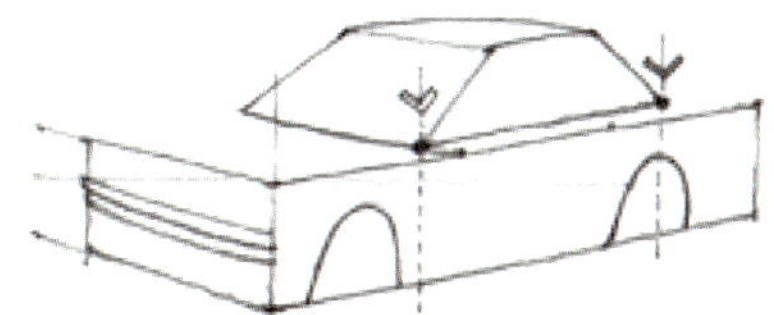

⑧ 전면 범퍼를 그리고, 바퀴의 위치를 결정한다.

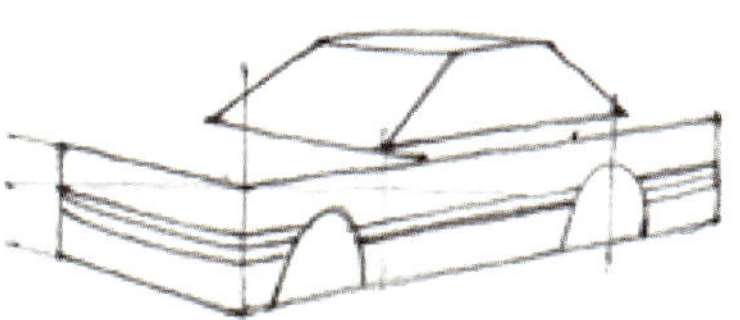

⑨ 측면 몰딩과 후면 범퍼를 그린다.

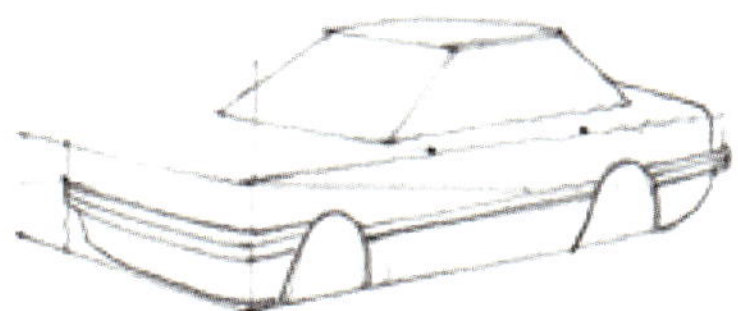

⑩ 범퍼 아래와 트렁크 위치를 결정한다.

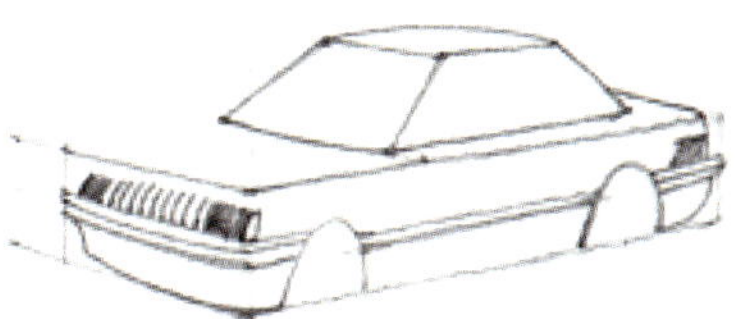

⑪ 전조등과 후미등을 그린다.

⑫ 사이드 미러를 그리고, 창살을 나눈다.

⑬ 전면 유리 재질과 번호판을 그리고, 나뉜 창살에 맞게 손잡이를 그린다.

⑭ 바퀴를 그린다.

⑮ 그림자를 그리고, 마무리한다.

10 사람 · 도로

사람 · 도로(펜+채색)

■ 사람

■ H.L(Horizontal Line) 수평선(눈높이)

■ 도로

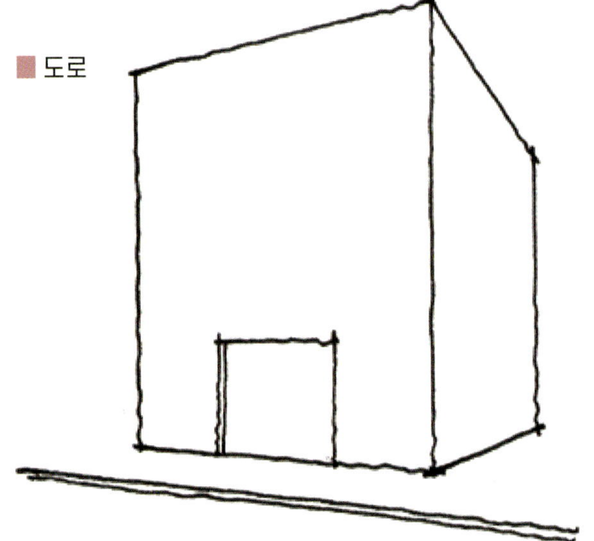

① 건물을 완성하고, 인도와 차도를 구분한다.

② 소실점 흐름에 맞게 안내선을 긋는다.

③ 투영 효과를 주고, 진하게 칠하여 정리한다.

Architectural rough sketch technic

part III

도법응용 테크닉

3차원 공간을 2차원 평면에 담는 다양한 방법 중, 건축 표현에 가장 효과적인 유각 투시도를 익힌다. 이를 통해 원하는 건축 공간을 입체감 있게 표현해보자.

1. 간략도법(투시형)
2. 간략도법(조감형)
3. 조감도(1소점형)

01 간략도법(투시형)

투시형 간략도법 순서

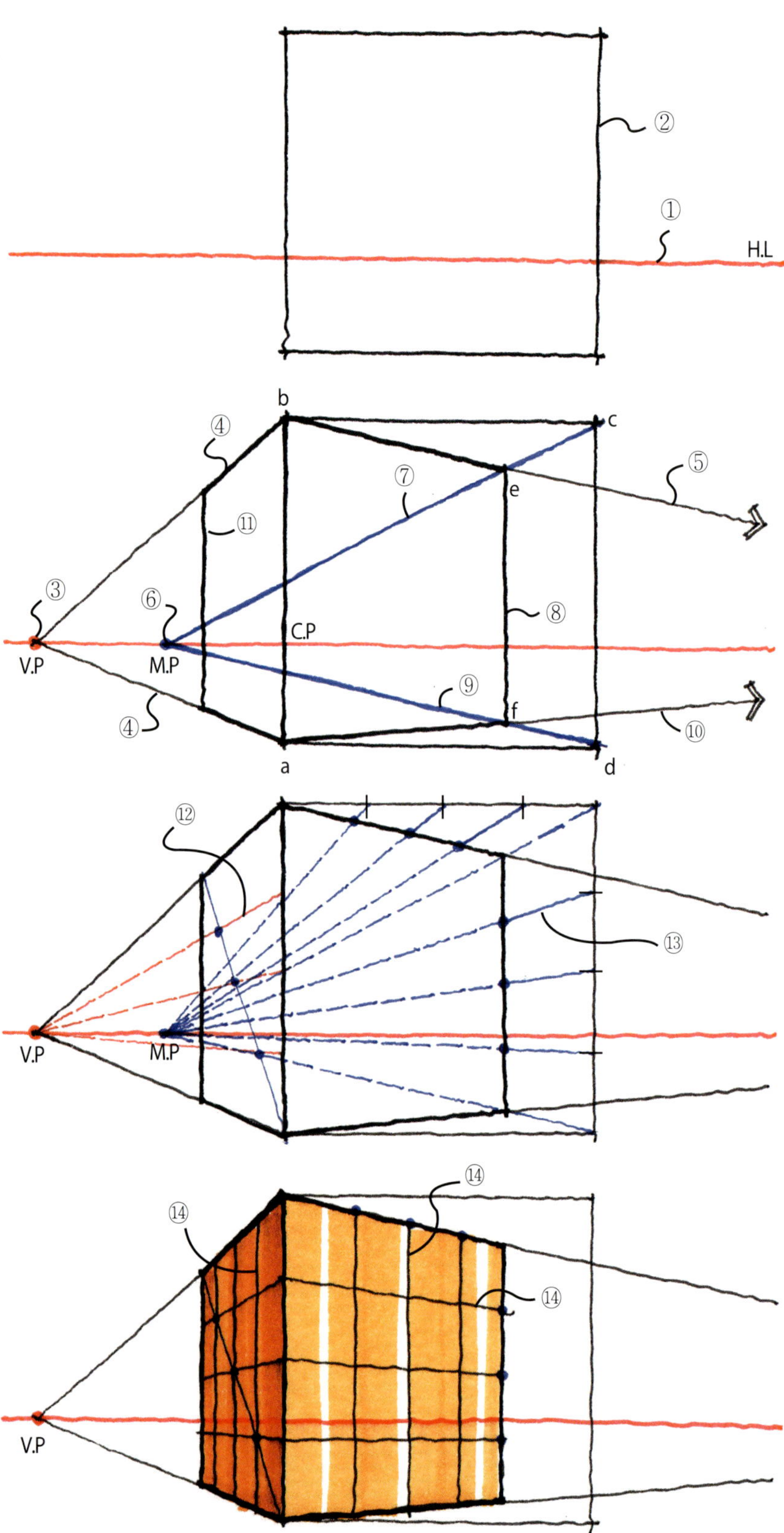

① 눈높이를 그린다.

② 임의의 정사각형을 ①의 눈높이를 기준으로 보기 좋게 설정한다. (눈높이가 중간 아래쪽에 위치하는 것이 보기 좋다.)

③ 짧은쪽 소실점을 잡는다.($\overline{ab}$보다 짧게)

④기준 높이 $\overline{ab}$를 V.P와 연결한다.

⑤ 완만한 임의의 방향선을 잡는다.

⑥ C.P와 V.P 가운데 임의의 측점(M.P)을 잡는다.

⑦ C점과 M.P를 연결하여 만난 e점이 입체적인 넓이가 된다.

⑧ e점을 내려 긋는다.

⑨ d점과 M.P를 연결한다.(f점이 생김)

⑩ a점과 f점을 연결하여 아래쪽 소실점 흐름을 결정한다.

⑪ 측면은 정사각형 투시형을 감각으로 결정한다.

⑫ 필요로 하는 등분값을 소실점으로 연결한다.

⑬ 넓은면은 M.P를 사용하여 입체적인 위치를 찾는다.

⑭ 표면의 등분선을 완성하고, 그리고자 하는 건물은 만들어진 흐름에 맞게 그린다.

- H.L(Horizontal Line) 수평선/눈높이
- V.P(Vanishing Point) 소실점/소점
- M.P(Measuring Point) 측정점/측점
- C.P(Central Point) 중앙점/심점

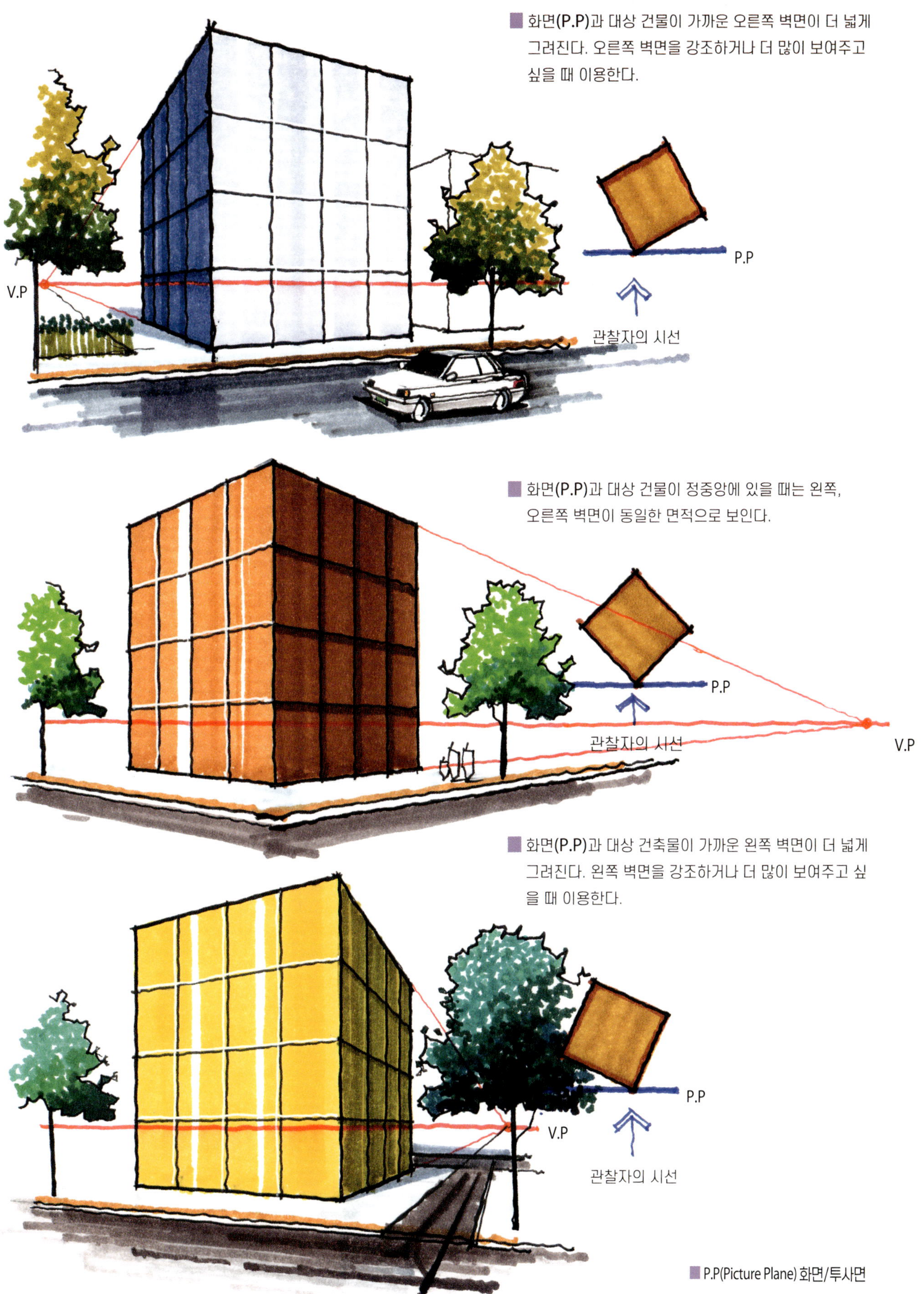

■ P.P(Picture Plane) 화면/투사면

간략도법 투시형 예제

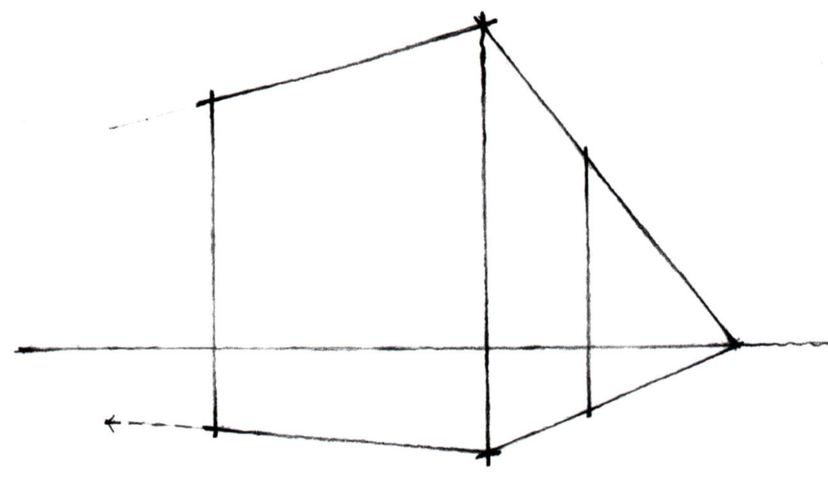

① 눈높이 선을 그리고 소점을 잡은 후
비례에 맞춰 육면체 형태를 그린다.

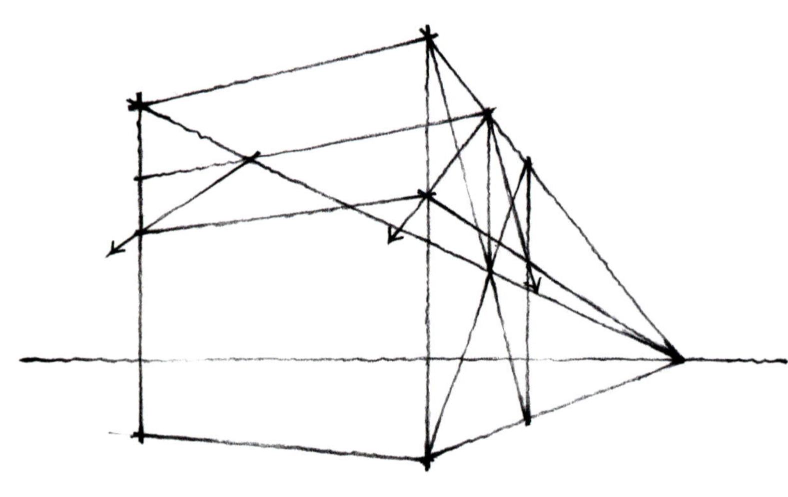

② 소점의 흐름에 맞춰 지붕 흐름을
잡고 형태를 그린다.

③ 가는 펜으로 눈높이 선과 육면체 형태를
잡아주고 굵은 펜으로 형태를 그린다.

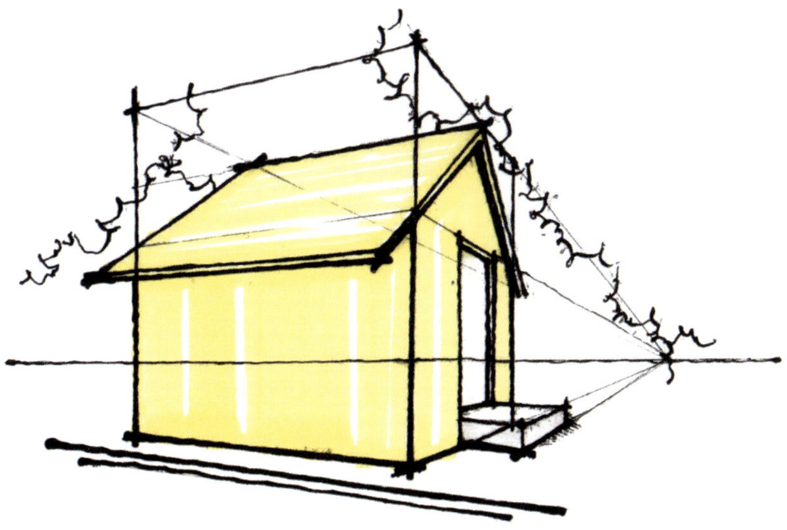

④ 연한색 마커로 밑바탕을 칠한다.

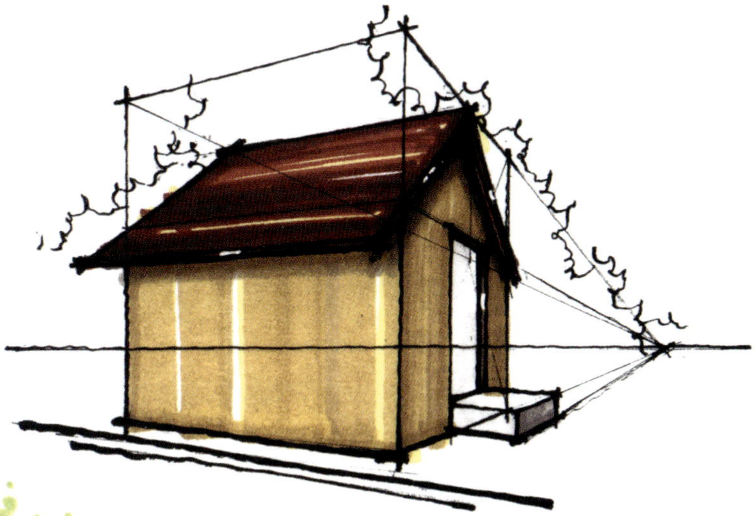

⑤ 진한색 마커로 입체감을 표현한다.

⑥ 건물과 어울리는 점경을 설정하여
소점 방향에 맞춰 배경을 표현한다.

V.P(Vanishing Point) 소실점/소점

육면체의 상황 적응

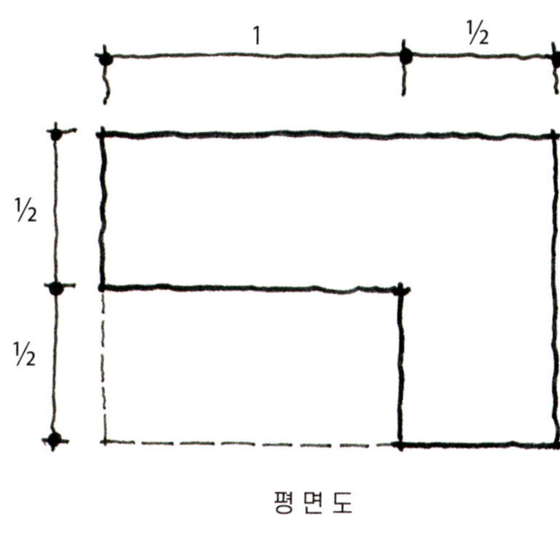

평 면 도

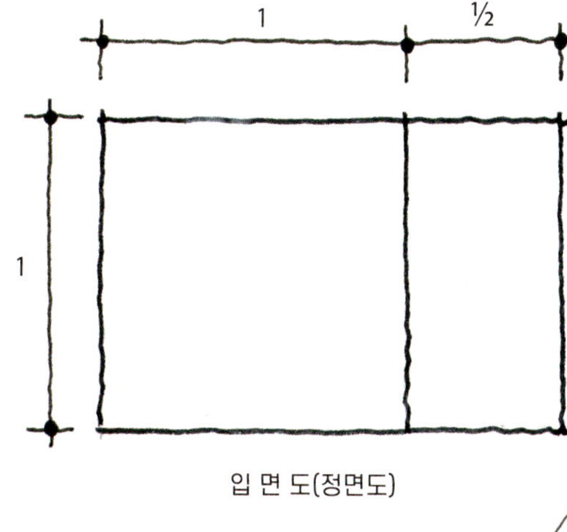

입 면 도(정면도)

■ A type

① 평면과 입면의 비례에 맞게 대략적인 직육면체를 그린다.

② 그려진 직육면체를 비례적 상황에 맞게 늘리거나 줄여서 조정한다.

③ 가용한 등분을 통해 건물의 골격을 잡는다.

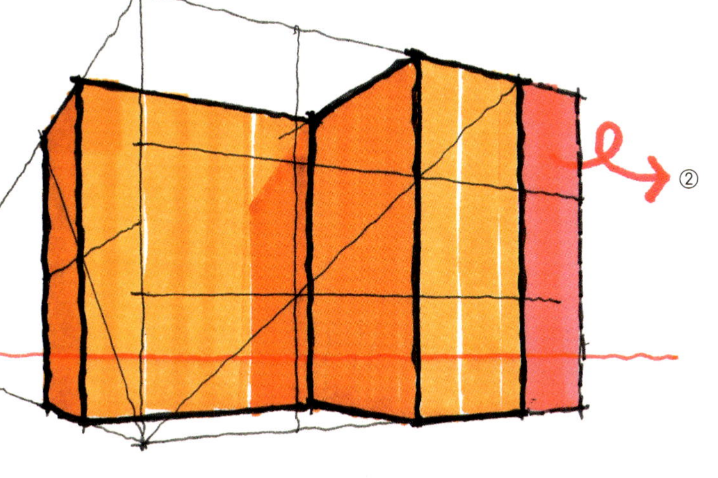

V.P

■ B type

① 정육면체를 그린다.

② 평면과 입면의 비례에 맞게 분할과 증식을 한다.

③ 건물의 골격을 잡는다.

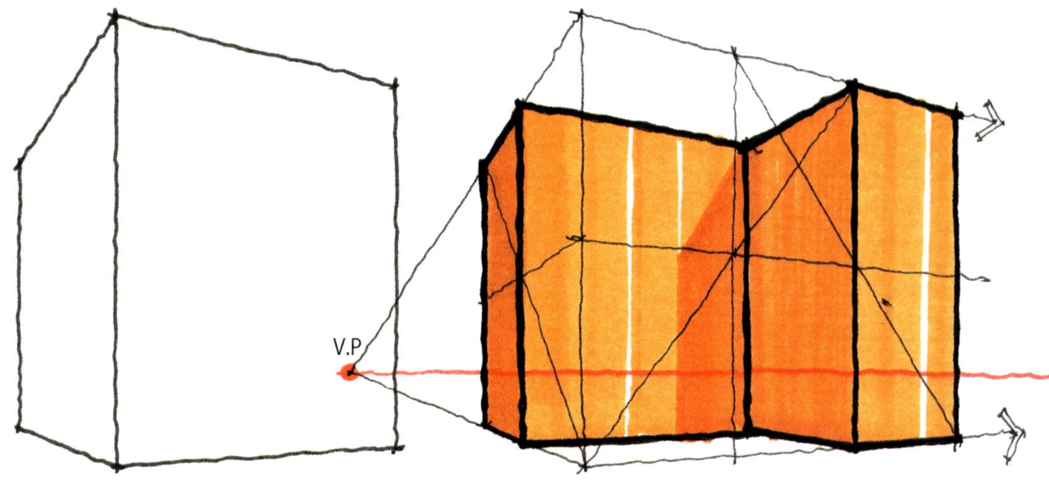

※ 건물을 그리는 방법은 앞서 소개된 간략도법의 적용 방법과 **A type**처럼 비례적 감각에 의해 임의의 직육면체로 시작하는 방법, **B type**처럼 정육면체를 분할과 증식을 통해 그리는 방법이 있다.

■ V.P(Vanishing Point) 소실점/소점

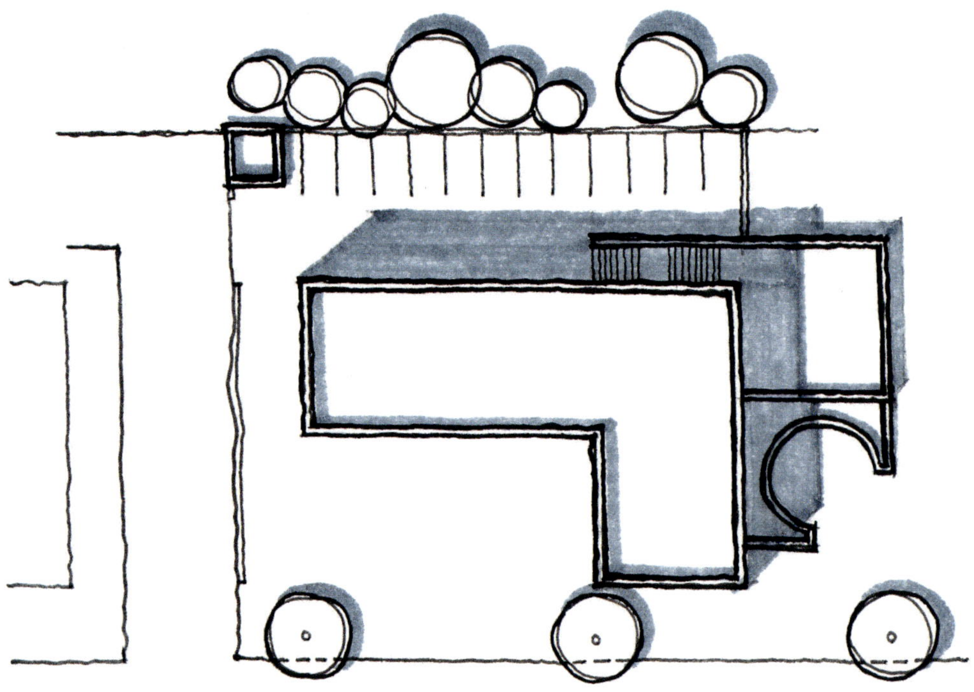

① 배치도에서 대지와 건물의 크기를 비례적으로 파악해둔다.
② 정육면체를 그린다.
③ 건물의 기본 골격을 완성하기 위해 필요한 증식의 연장선을 그어둔다.

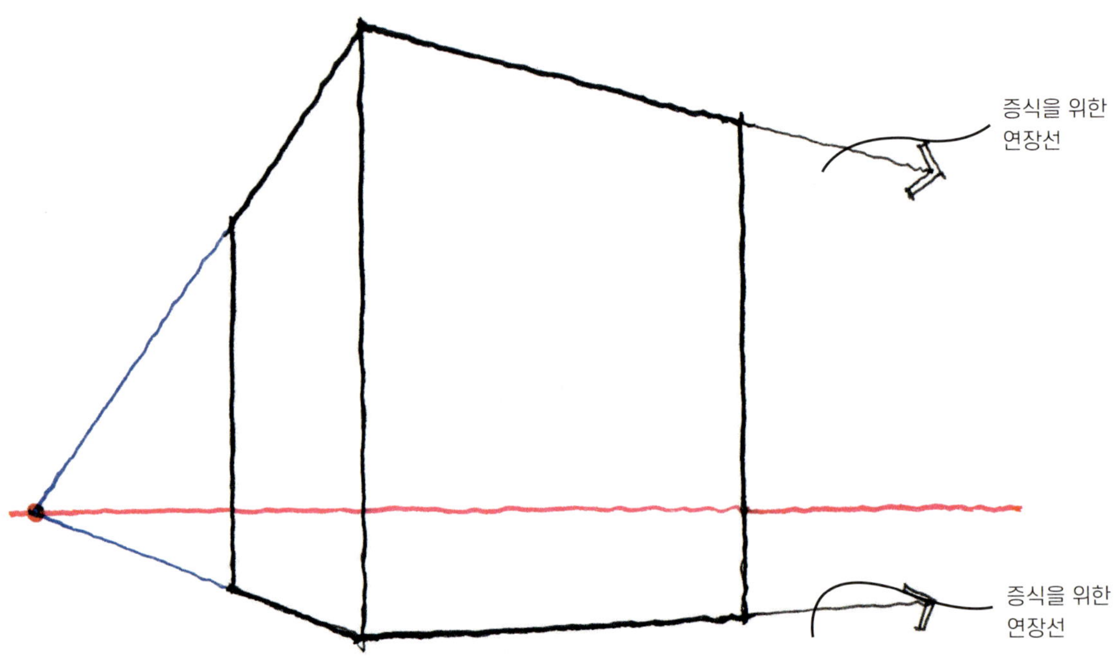

■ Site plan(Plot plan) 배치도

응용 예제 ①-2

④ 등분을 하고, 필요한 만큼의 증식을 한다.

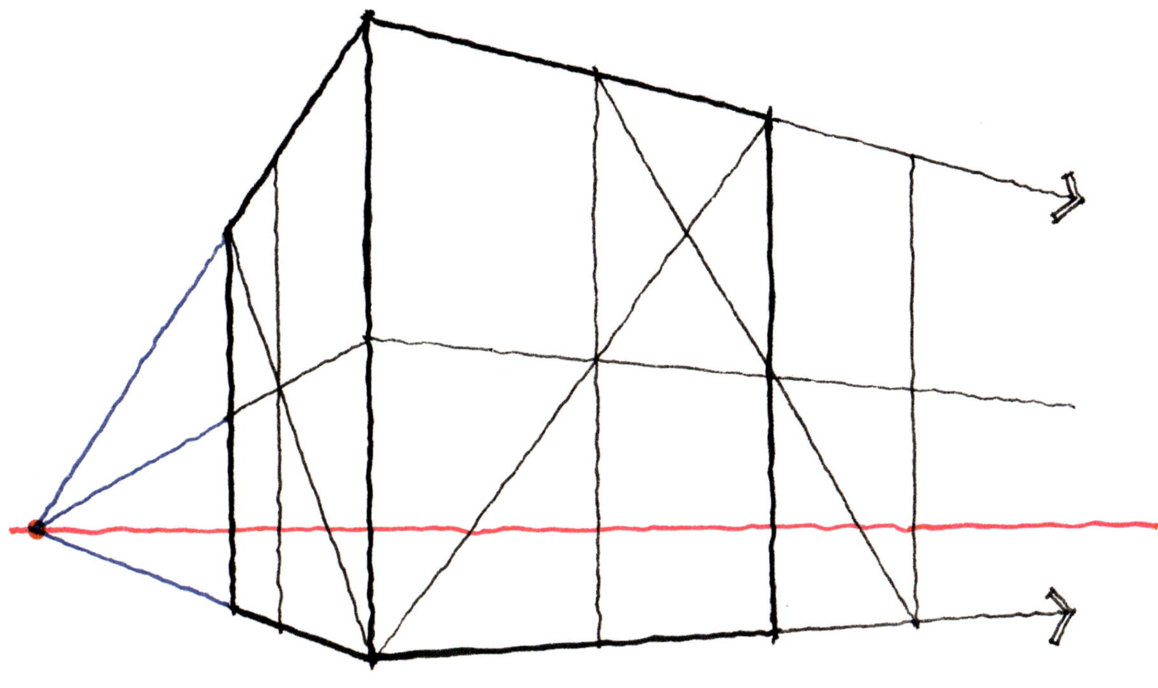

⑤ 건물의 기본 골격을 완성하기 위해 돌출되거나 잘려나간 요철 부분을 그린다.

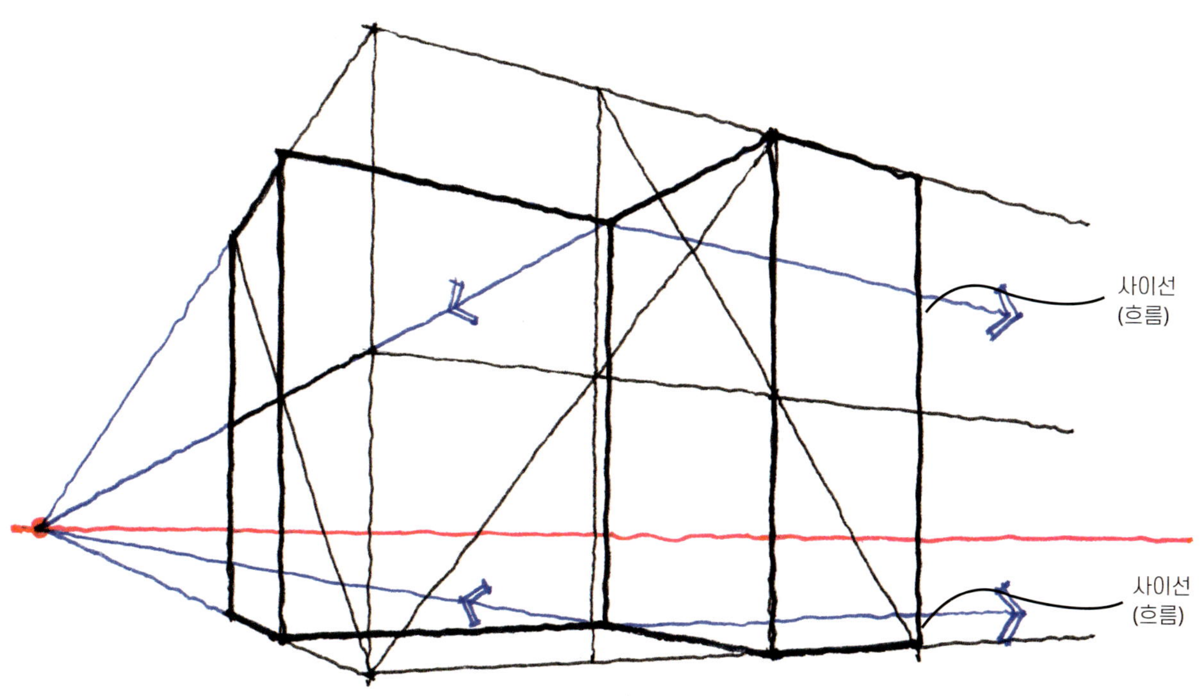

⑥ 층의 구분을 위해 기본적인 흐름을 등분에 의해 결정한다.

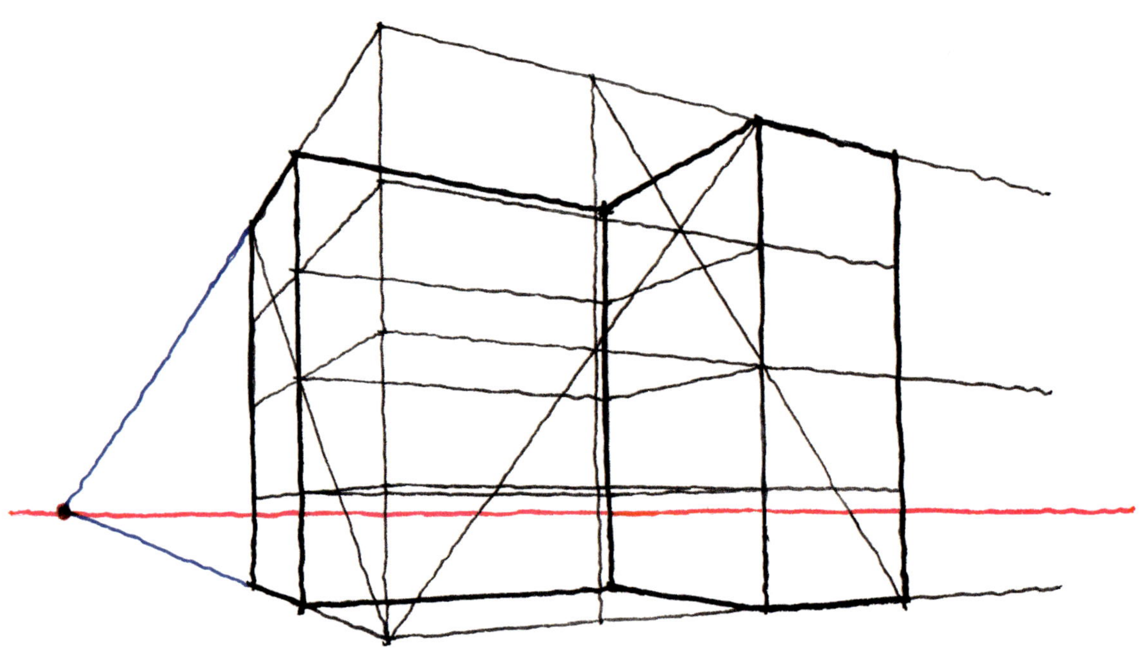

⑦ 실제 비례적인 상황에 맞게 각 층의 구분을 사이선(흐름)으로 긋는다.

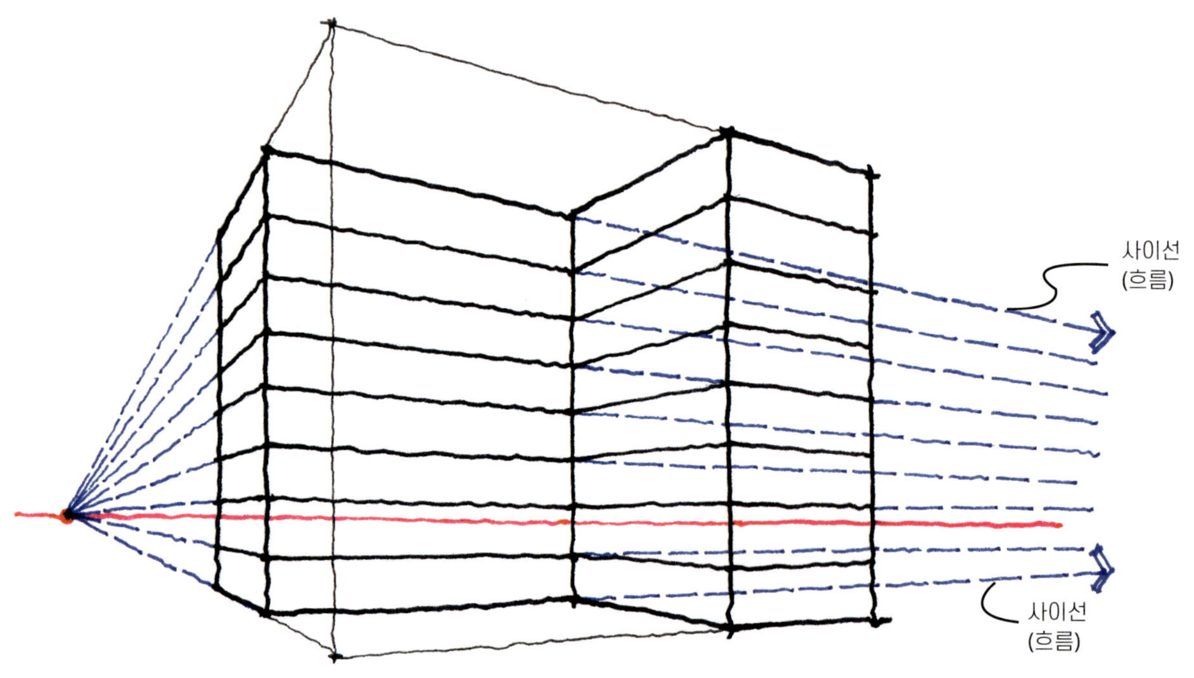

⑧ 세부적인 외형과 주변 도로 및 주변 건물의 모양을 결정한다.

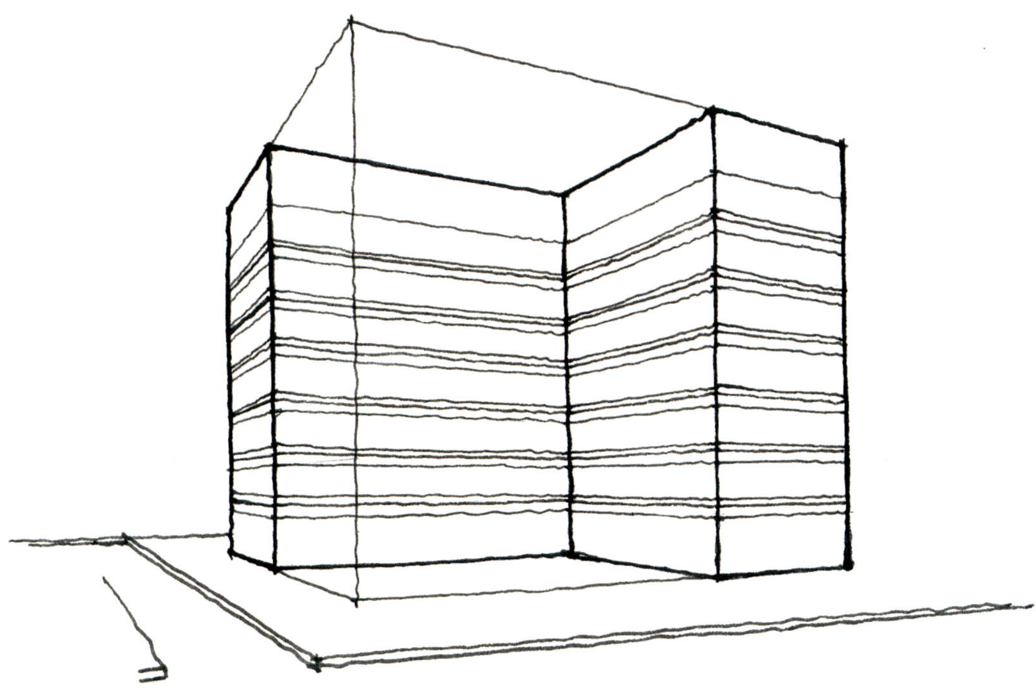

⑨ 기본 형태가 모두 완성되면, 다음과 같은 순서로 채색을 한다.
⑩ 채색 순서: 전면창 → 측면창 → 전면벽 → 측면벽 → 수목(조경 기타) → 주변도로 → 그림자 → 실내조명
⑪ 필요에 따라 마감 재료 및 관계표시를 한다.

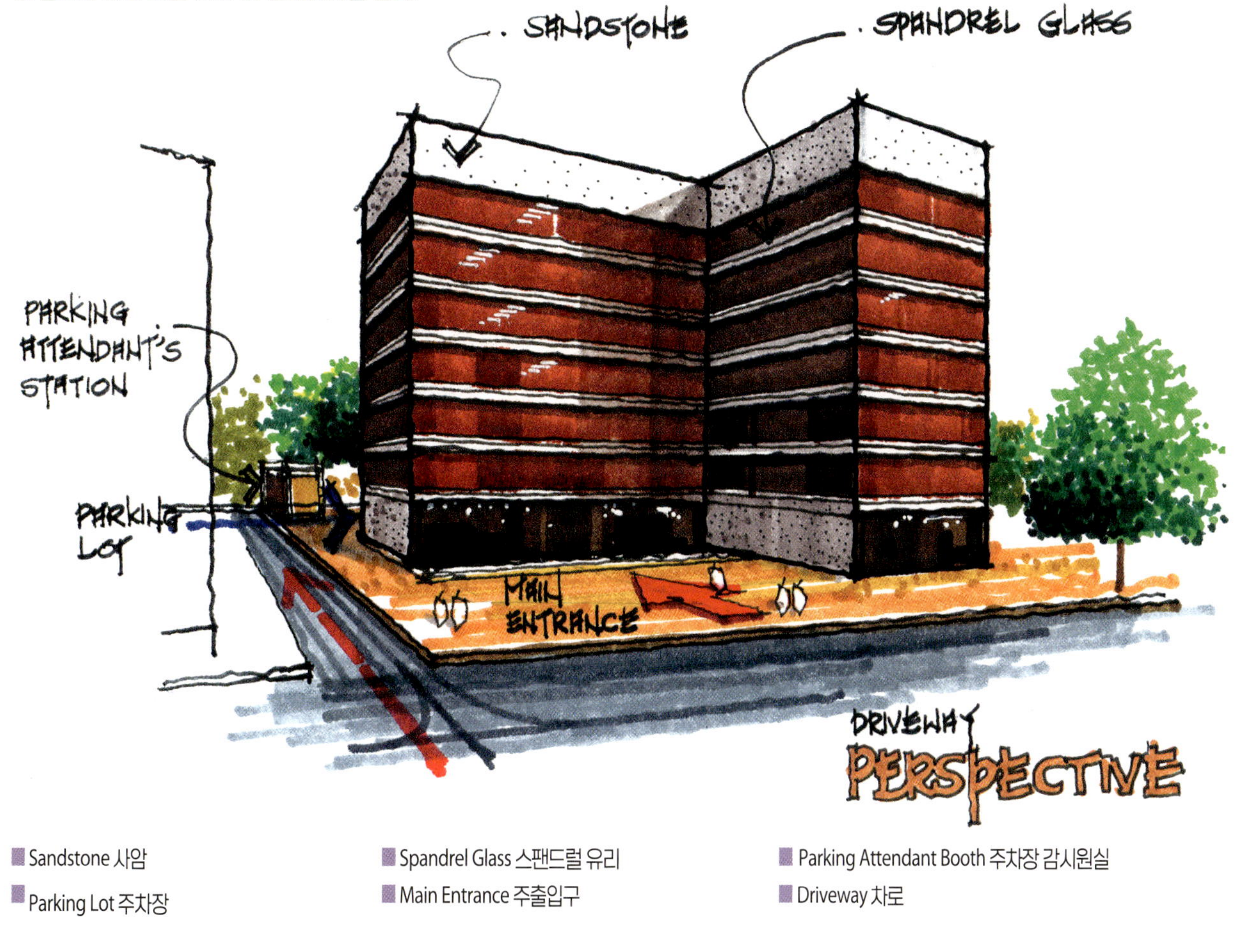

- Sandstone 사암
- Spandrel Glass 스팬드럴 유리
- Parking Attendant Booth 주차장 감시원실
- Parking Lot 주차장
- Main Entrance 주출입구
- Driveway 차로

02 간략도법(조감형)

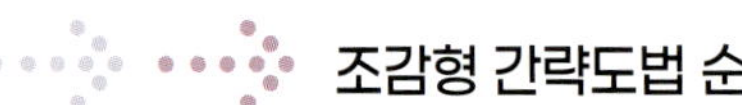

조감형 간략도법 순서

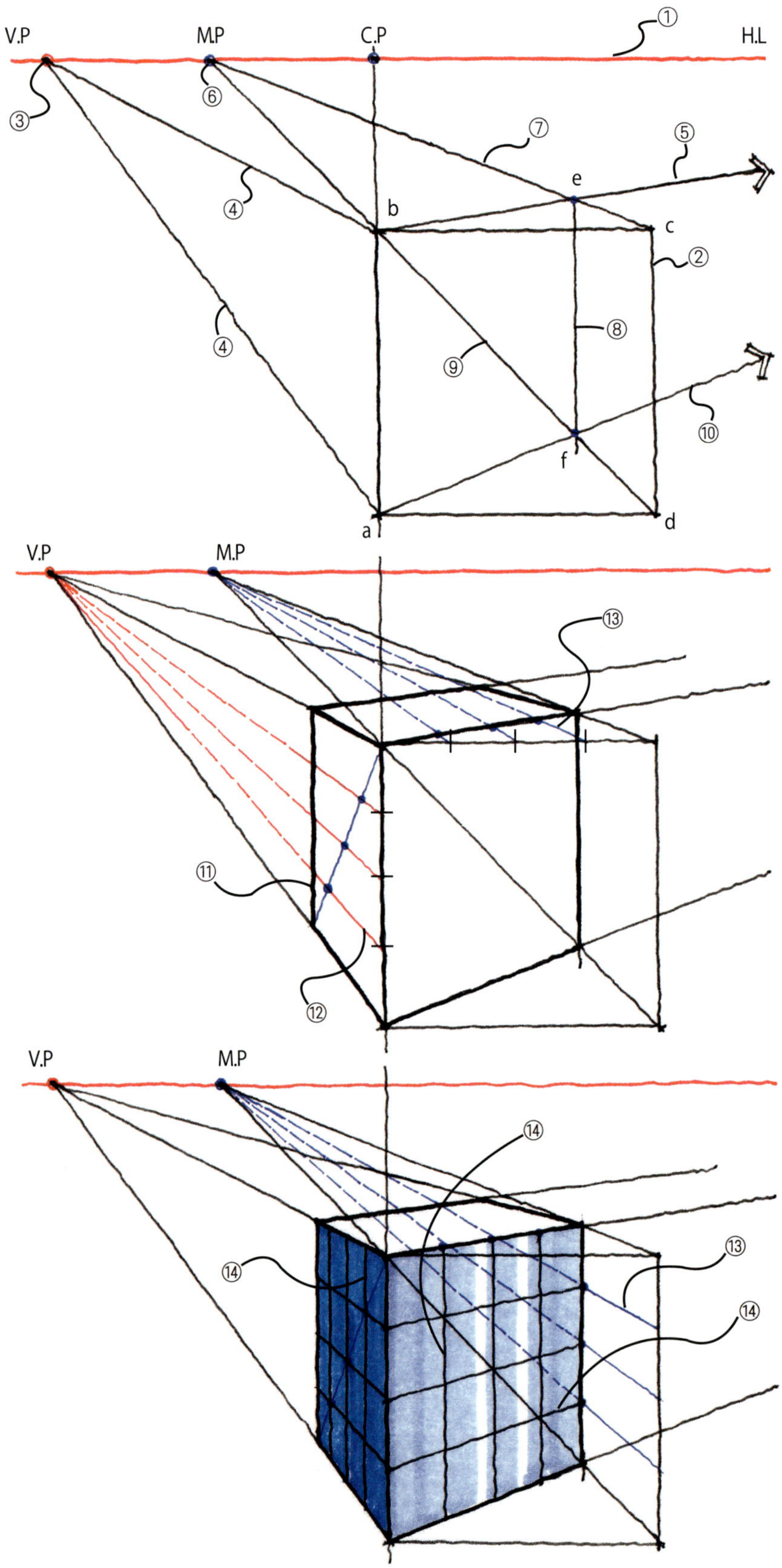

① 눈높이를 그린다.

② 임의의 정사각형을 ①의 눈높이로부터 조금 떨어진 아래쪽에 설정한다.

③ 짧은쪽 소실점을 잡는다.

④ 기준 높이 $\overline{ab}$를 V.P와 연결한다.

⑤ 완만한 임의의 방향선을 잡는다.

⑥ C.P와 V.P 가운데 임의의 측점(M.P)을 잡는다.

⑦ C점과 M.P를 연결하여 만난 e점이 입체적인 넓이가 된다.

⑧ e점을 내려 긋는다.

⑨ d점과 M.P를 연결한다.(f점이 생김)

⑩ a점과 f점을 연결하여 아래쪽 소실점 흐름을 결정한다.

⑪ 측면은 정사각형 투시형을 감각으로 결정한다.

⑫ 필요로하는 등분값을 소실점으로 연결한다.

⑬ 넓은면은 M.P를 사용하여 입체적인 위치를 찾는다.

⑭ 표면의 등분선을 완성하고, 그리고자 하는 건물은 만들어진 흐름에 맞게 그린다.

- H.L(Horizontal Line) 수평선/눈높이
- V.P(Vanishing Point) 소실점/소점
- M.P(Measuring Point) 측정점/측점
- C.P(Central Point) 중앙점/심점

관찰자와의 관계

■ 화면(P.P)과 대상 건축물이 가까운 오른쪽 벽면이 더 넓게 그려진다. 오른쪽 벽면을 강조하거나 더 많이 보여주고 싶을 때 이용한다.

■ 화면(P.P)과 대상 건축물이 정중앙에 있을 때 왼쪽, 오른쪽 벽면이 동일한 면적으로 보인다.

■ 화면(P.P)과 대상 건축물이 가까운 왼쪽 벽면이 더 넓게 그려진다. 왼쪽 벽면을 강조하거나 더 많이 보여주고 싶을 때 이용한다.

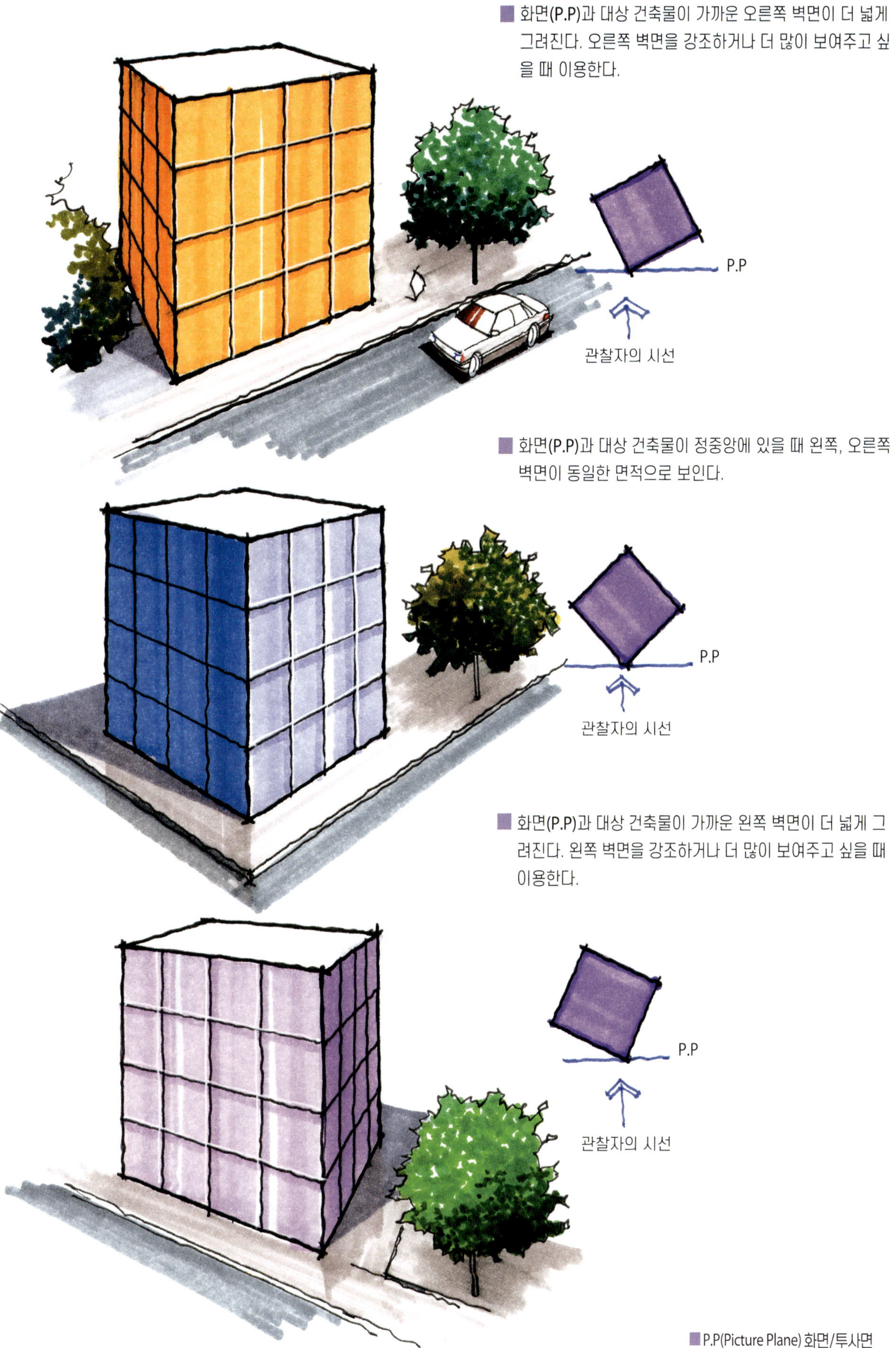

■ P.P(Picture Plane) 화면/투사면

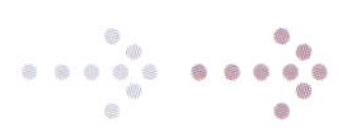

간략도법 조감형 예제

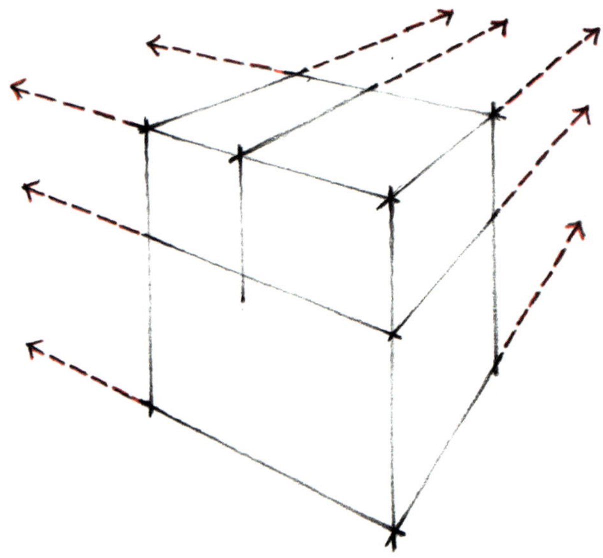

① 비례에 맞춰 Box를 그리고 흐름을 잡는다.

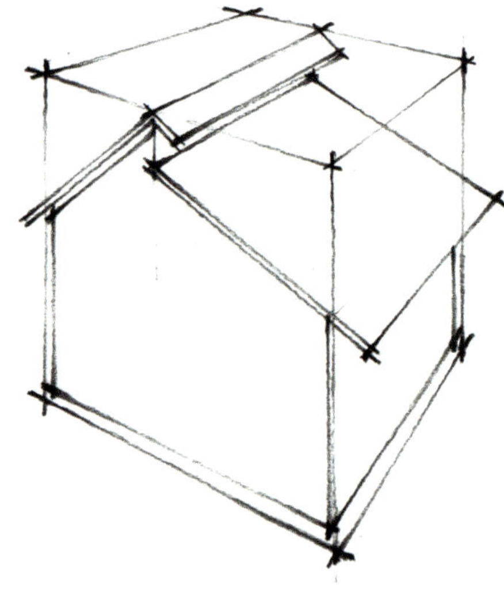

② 소점 방향 흐름에 맞춰 건물의 형태를 잡아준다.

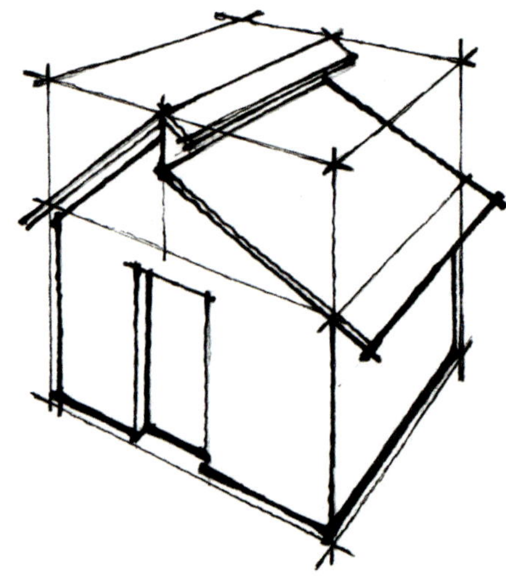

③ 가는 펜으로 육면체 형태를 그리고, 굵은펜으로 건물의 형태를 표현한다.

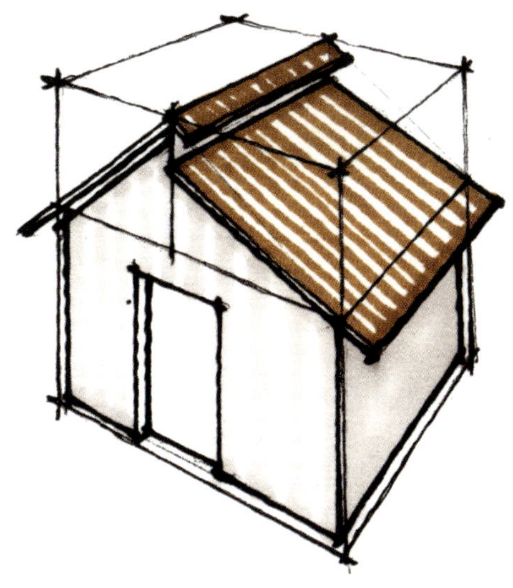

④ 지붕과 벽면을 연한색 마커로 칠한다.

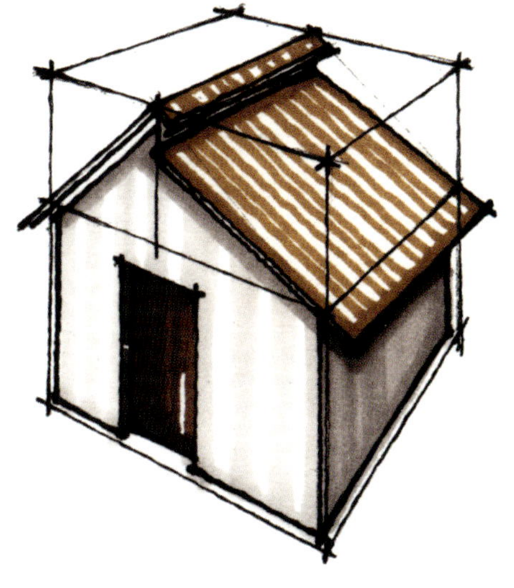

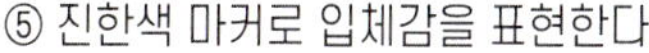

⑤ 진한색 마커로 입체감을 표현한다.

⑥ 건물과 어울리는 점경을 설정하여 소점 방향에 맞춰 배경을 표현한다.

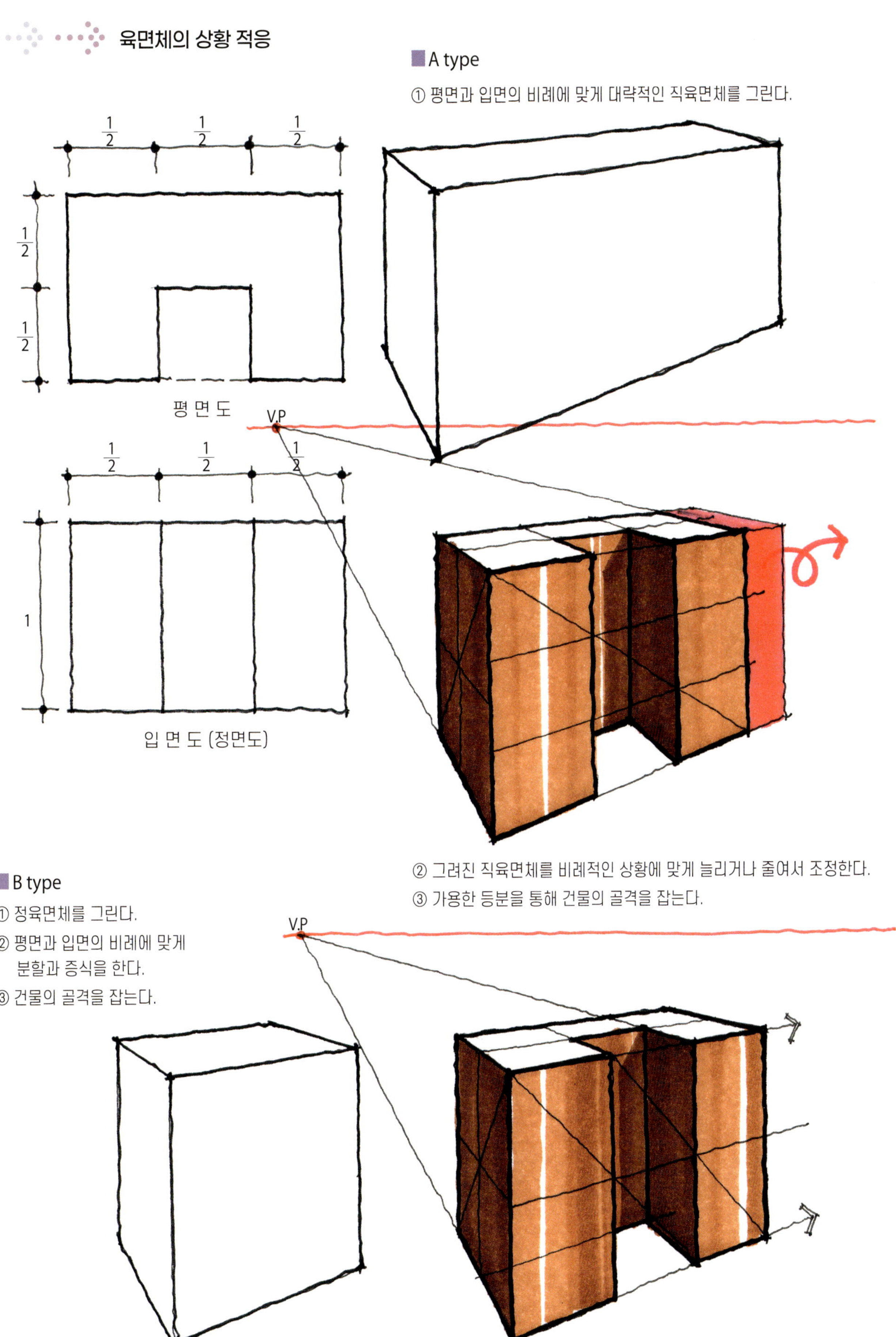

A type

① 평면과 입면의 비례에 맞게 대략적인 직육면체를 그린다.

② 그려진 직육면체를 비례적인 상황에 맞게 늘리거나 줄여서 조정한다.

③ 가용한 등분을 통해 건물의 골격을 잡는다.

B type

① 정육면체를 그린다.

② 평면과 입면의 비례에 맞게 분할과 증식을 한다.

③ 건물의 골격을 잡는다.

※ 건물을 그리는 방법은 앞서 소개된 간략도법의 적용방법과 A type처럼 비례적 감각에 의해 임의의 직육면체로 시작하는 방법, B type처럼 정육면체를 분할과 증식을 통해 그리는 방법이 있다.

① 건물의 평면을 그린다.
(대지경계선이 필요할 경우 이를 먼저 그린다.)
② 건물에 외접해 있는 추가구성(화단 및 부속실)과 도로를 그린다.

③ 식수 계획에 따른 수목을 그린다.
④ 기타 조경시설(연못 등)을 그린다.
⑤ 주차장에 주차선을 그린다.
⑥ 등고선을 그린다.

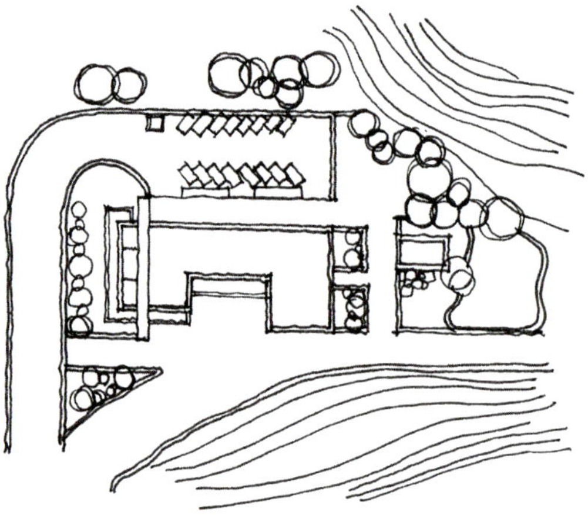

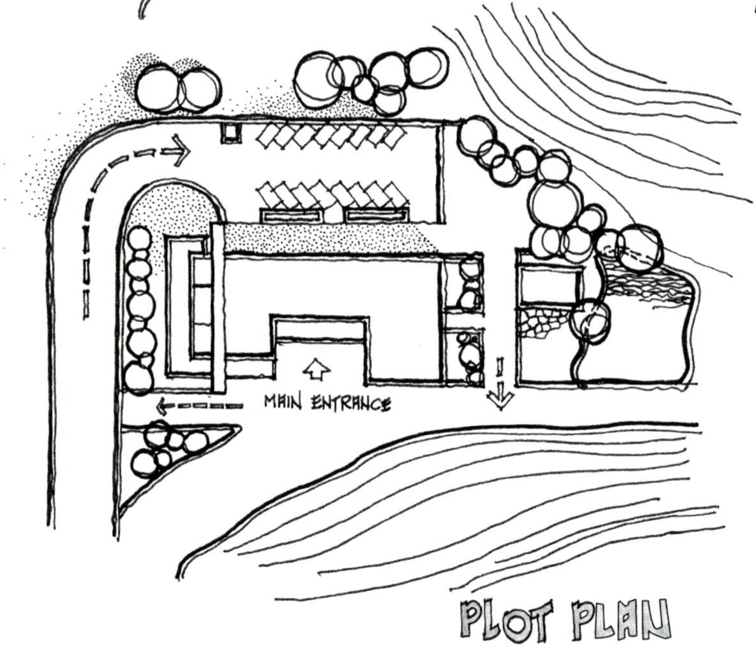

MAIN ENTRANCE

⑦ 굵은 펜으로 음영이 만들어질 부분의 선을 굵게 긋는다.
⑧ 연못의 물결을 표현한다.
⑨ 연필로 그림자를 흐르게 그린다.
⑩ 가는 펜으로 바닥에 깔린 잔디와 그림자의 차이를 두어 찍는다. (점은 펜을 세워서 찍어야 보기 좋게 표현할 수 있다.)
⑪ 대지분석 및 환경분석에 관한 관계표시를 한다.
⑫ 중요 명칭과 도면명을 적는다.

PLOT PLAN

① 지반면을 그린다.
② 건물의 폭과 높이를 결정한다.
③ 건물과 연결된 외부 조형물을그린다.
④ 개구부(문과 창)를 그린다.

⑤ 개구부를 칠하고, 그림자를 표현한다.
⑥ 벽면의 재질을 표현(점)한다.
⑦ 주변환경을 표현한다.
⑧ 필요 시 환경분석에 관한 관계표시를 한다.
⑨ 중요 명칭과 도면명을 적는다.

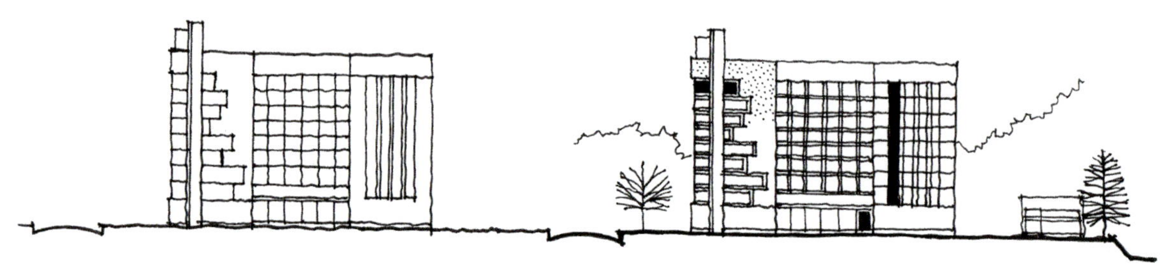

■ 점묘법

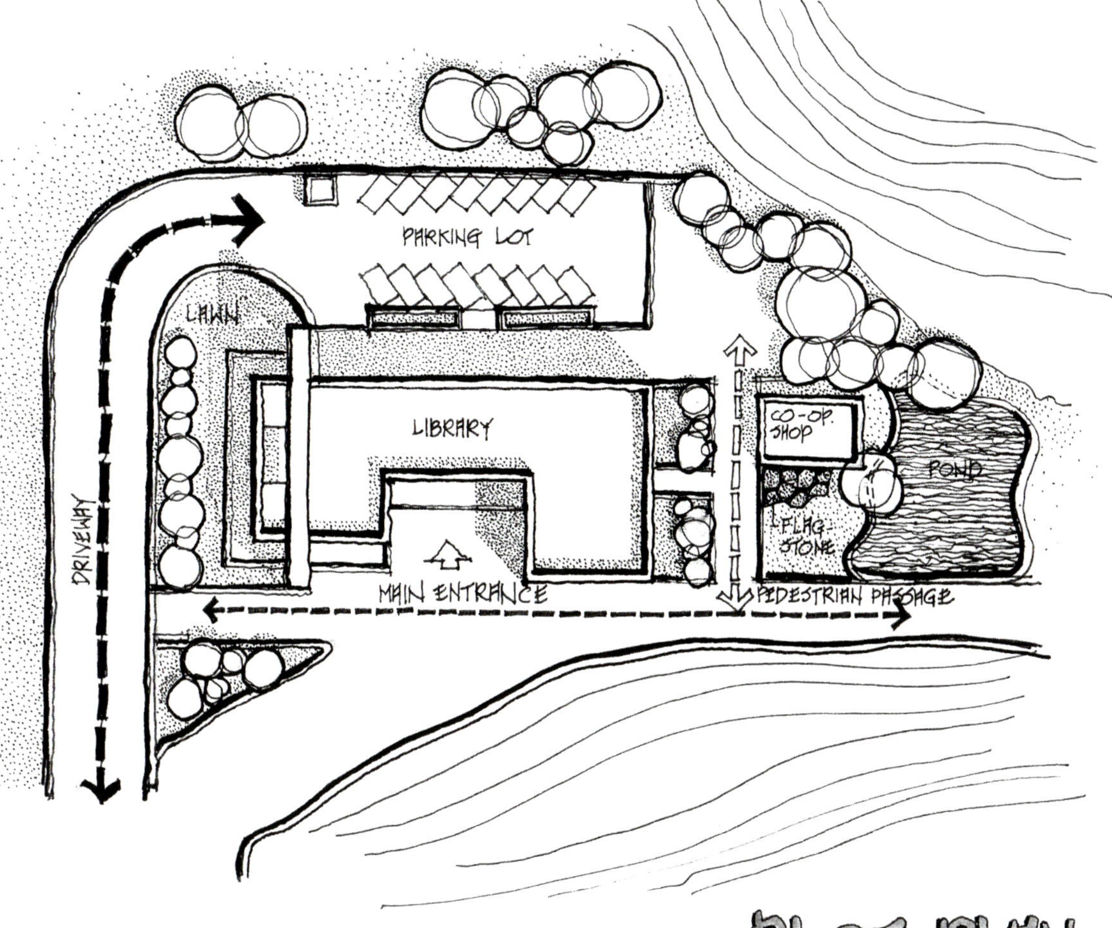

■ 점묘법

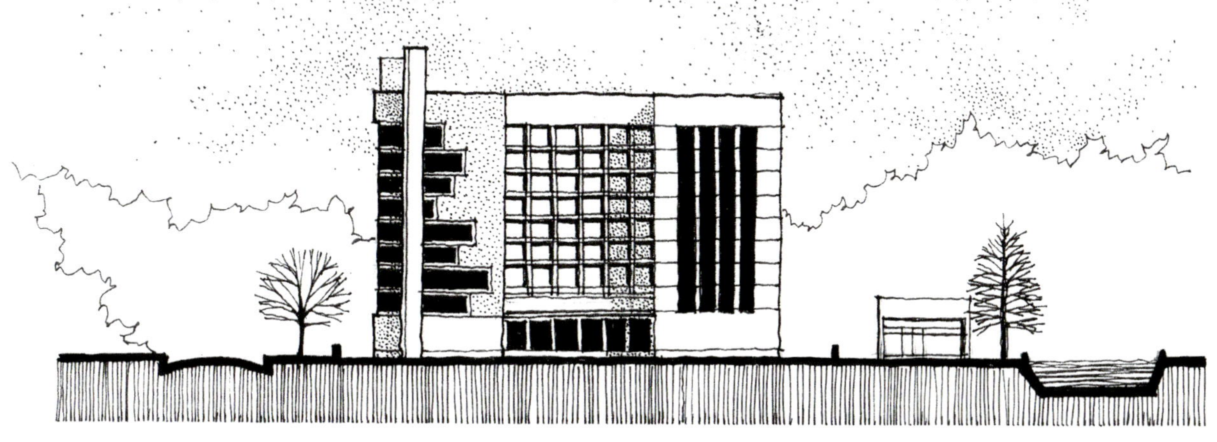

■ Plot Plan(Site Plan) 배치도 ■ Elevation 입면도 ■ Parking Lot 주차장 ■ Lawn 잔디밭 ■ Driveway 차로 ■ Library 도서관
■ Main Entrance 주출입구 ■ Flag Stone 깔돌(판석) ■ Co-op Shop(Cooperative Shop) 구내 매점 ■ Pond(Pool) 연못
■ Pedestrian Passage 보행자 전용 도로

응용 예제 ①-3 (펜)

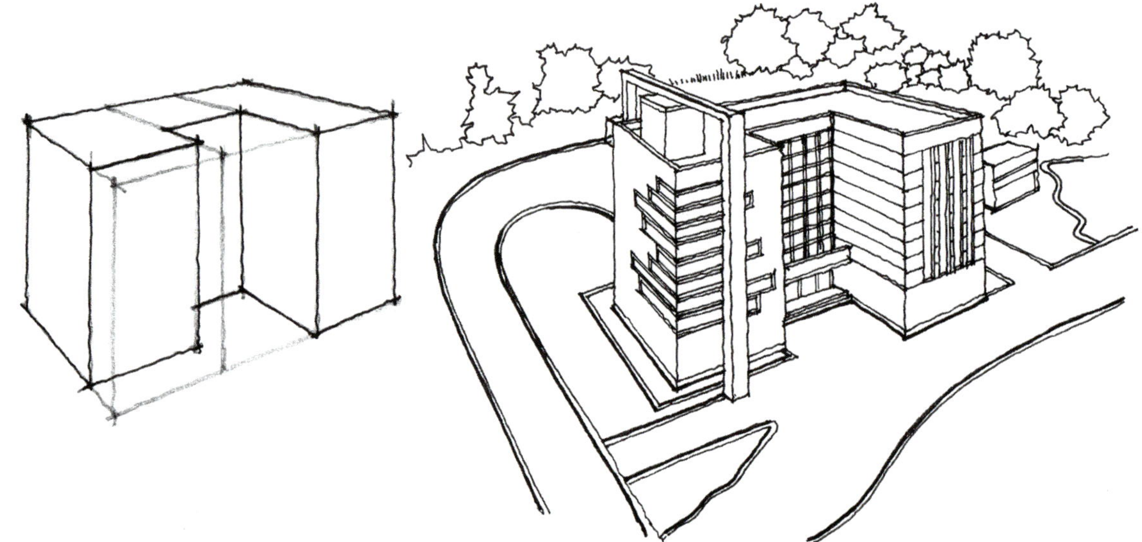

① 건물 전체를 씌울만한 임의의 직육면체를 그린다.
② 필요에 따라 임의의 등분과 증식을 한다.
③ 대략적인 골격을 결정한다.
④ 건물의 세부적인 형태를 완성한다.
⑤ 개구부를 그린다.
⑥ 주변 인접도로와 부속시설을 그린다.
⑦ 수목의 대략적인 형태를 결정한다.
⑧ 개구부를 칠한다.
⑨ 점묘법을 통해 빛에 의한 건물의 음영차를 표현한다.
⑩ 주변 환경(조경)을 표현한다.
⑪ 바닥 그림자를 표현한다.
⑫ 필요에 따라 마감재료 및 관계표시를 한다.

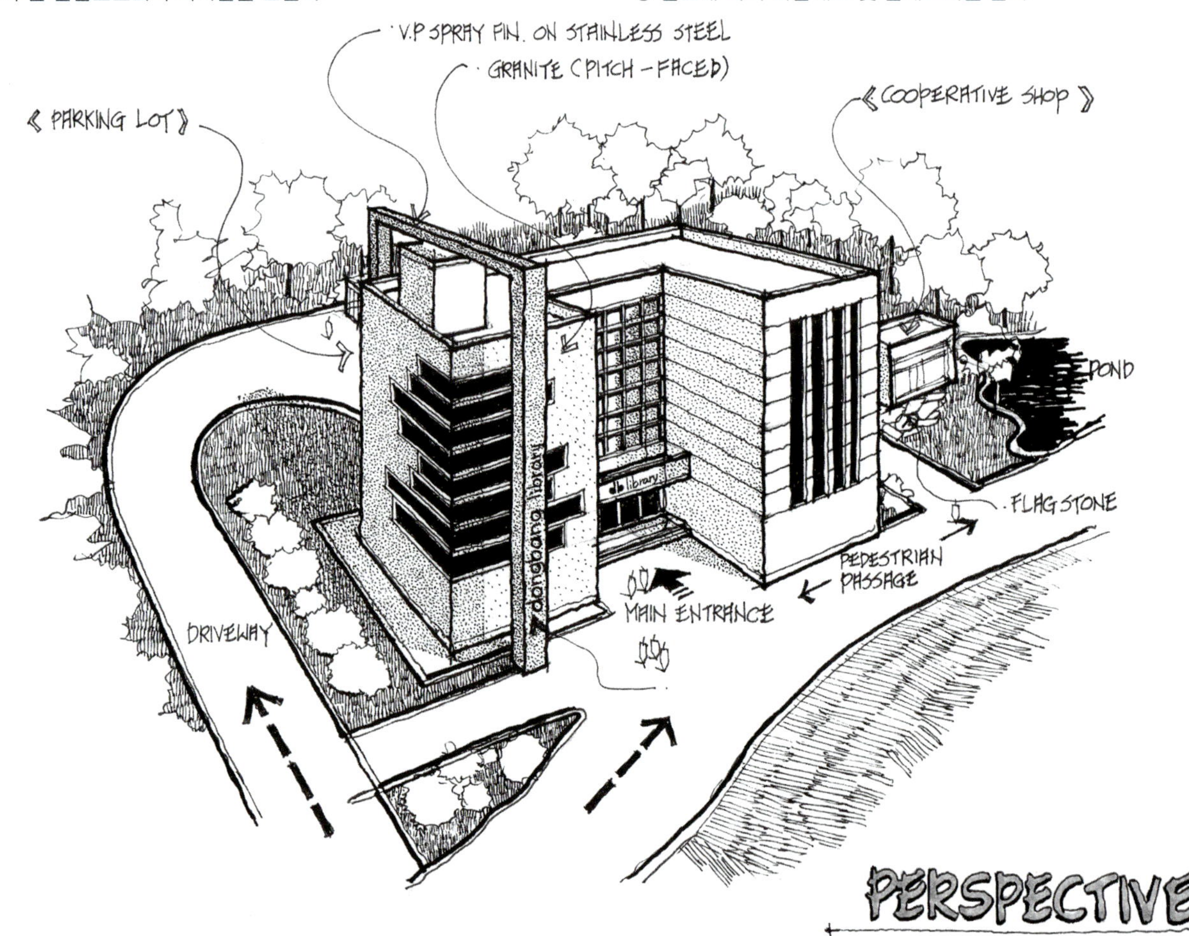

- Perspective 투시도
- V.P Spray fin. on stainless steel 스테인레스강 위 비닐계 페인트 뿜칠 마감
- Granite(Pitch-faced) 화강석(모다듬)
- Cooperative Shop 구내 매점
- Driveway 차로
- Main Entrance 주출입구
- Pedestrian Passage 보행자 전용 도로
- Flag Stone 깔돌(판석)
- Pond(Pool) 연못
- Parking Lot 주차장

응용 예제 ②-1 (채색)

① 건물의 평면을 그린다.
(대지 경계선이 필요할 경우 이를 먼저 그린다.)
② 건물에 외접해 있는 추가 구성(화단 및 부속실)과 도로를 그린다.
③ 식수 계획에 따른 수목을 그린다.
④ 기타 조경시설(연못 등)을 그린다.
⑤ 주차장에 주차선을 그린다.
⑥ 등고선을 그린다.

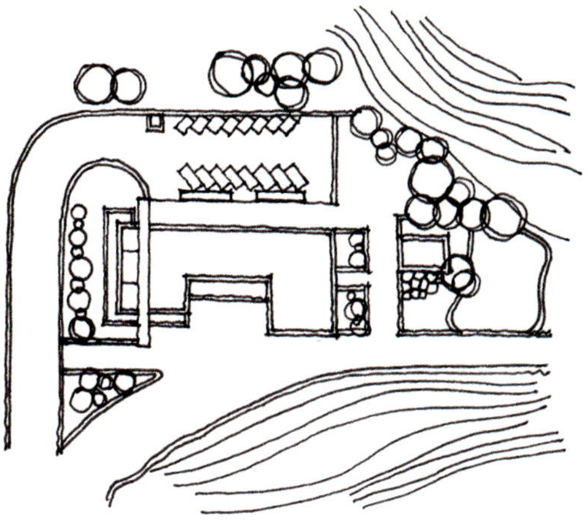

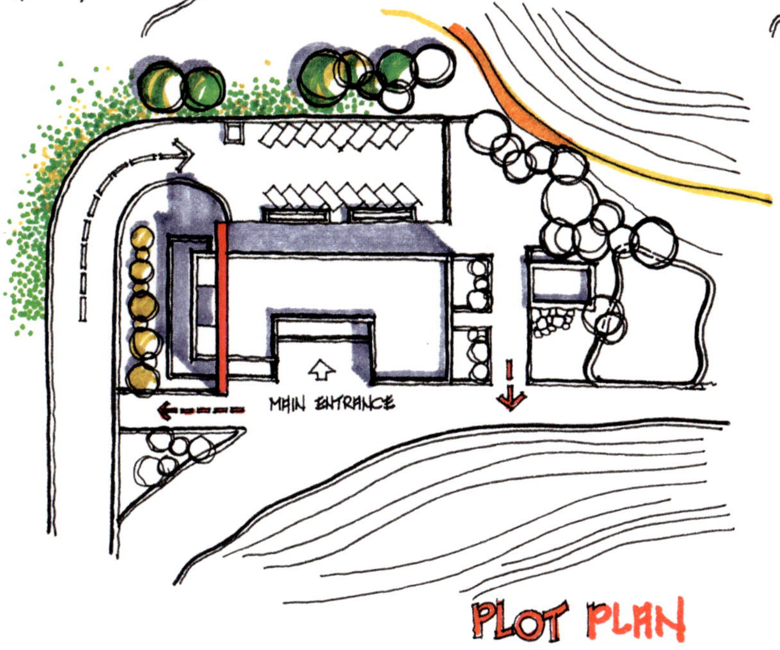

MAIN ENTRANCE

⑦ 굵은펜으로 음영이 만들어질 부분의 선을 굵게 긋는다.
⑧ 연필로 건물 및 주변 요소의 그림자를 흐리게 긋는다.
⑨ 마커를 사용해서 건물과 주변 요소의 핵심 부분을 칠한다.
⑩ 그림자를 칠한다. (너무 진한색으로 형태를 가리지 않도록 주의한다.)
⑪ 대지분석 및 환경분석에 관한 관계표시를 한다.
⑫ 중요 명칭과 도면명을 적는다.

PLOT PLAN

① 지반면을 그린다.
② 건물의 폭과 높이를 결정한다.
③ 건물과 연결된 외부 조형물을 그린다.
④ 개구부(문과 창)를 그린다.
⑤ 개구부를 칠하고, 그림자를 표현한다.
⑥ 벽면에 마커로 색감을 준다.
⑦ 주변 환경을 표현한다.
⑧ 필요 시 환경분석에 관한 관계표시를 한다.
⑨ 중요 명칭과 도면명을 적는다.

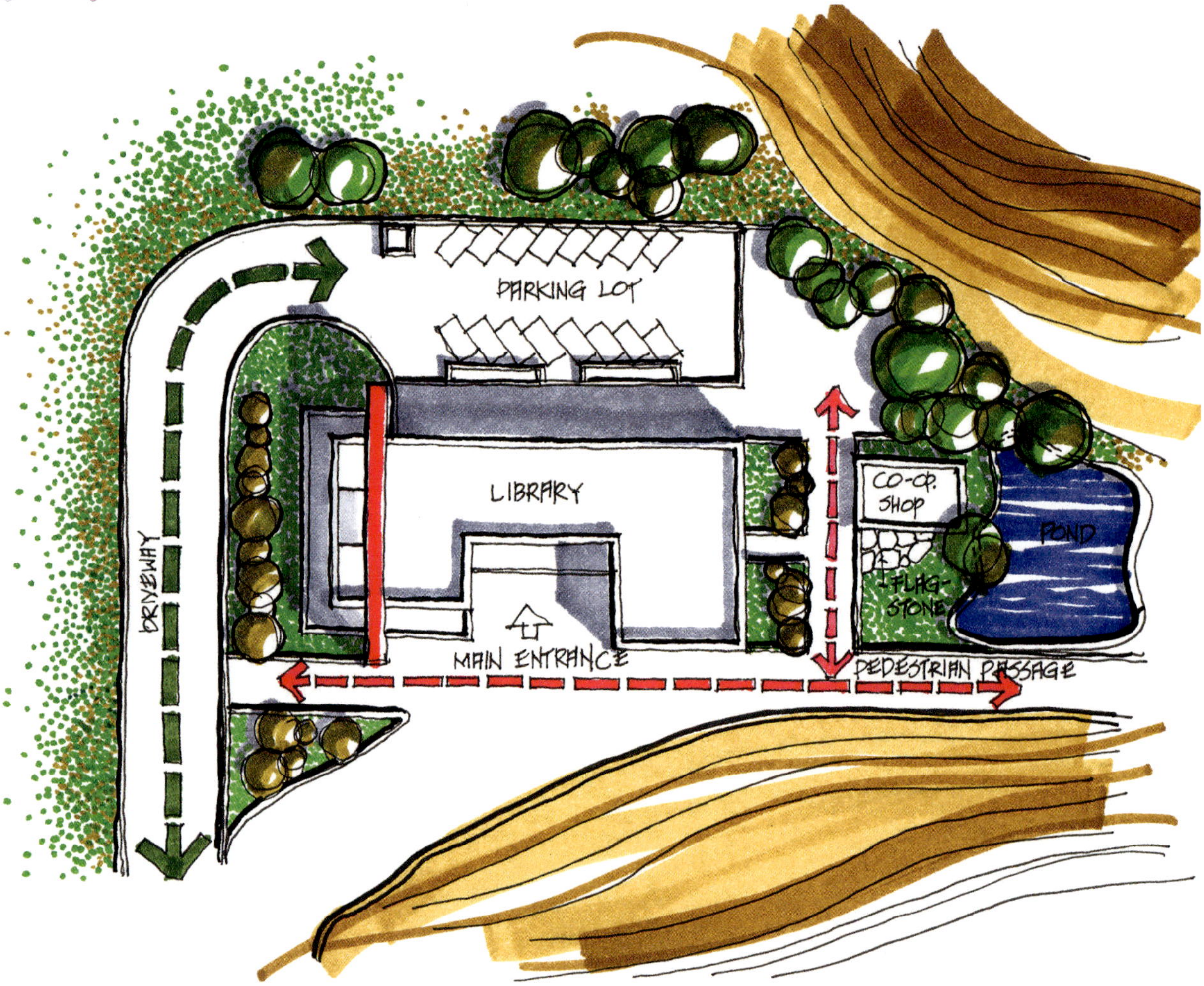

PARKING LOT
LIBRARY
CO-OP. SHOP
POND
FLAG-STONE
DRIVEWAY
MAIN ENTRANCE
PEDESTRIAN PASSAGE

PLOT PLAN

ELEVATION

- Plot Plan(Site Plan) 배치도
- Elevation 입면도
- Parking Lot 주차장
- Lawn 잔디밭
- Driveway 차로
- Library 도서관
- Main Entrance 주출입구
- Flag Stone 깔돌(판석)
- Co-op Shop(Cooperative Shop) 구내 매점
- Pond(Pool) 연못
- Pedestrian Passage 보행자 전용 도로

응용 예제 ②-3 (채색)

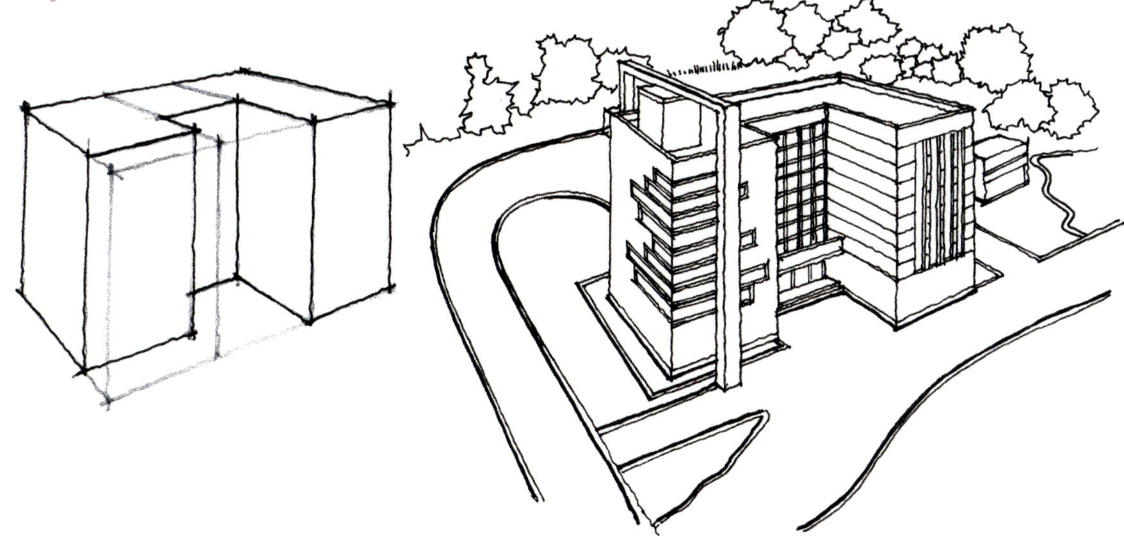

① 건물 전체를 씌울만한 임의의 직육면체를 그린다.
② 필요에 따라 임의의 등분과 증식을 한다.
③ 대략적인 골격을 결정한다.
④ 건물의 세부적인 형태를 완성한다.
⑤ 개구부를 그린다.
⑥ 주변 인접도로와 부속시설을 그린다.
⑦ 수목의 대략적인 형태를 결정한다.
⑧ 마커를 사용해서 개구부를 칠한다.
⑨ 건물 외관의 주조색을 결정하고 빛에 의한 음영차를 표현한다.
⑩ 주변환경(조경)을 표현한다.
⑪ 바닥 그림자를 표현한다.
⑫ 필요에 따라 마감재료 및 관계표시를 한다.

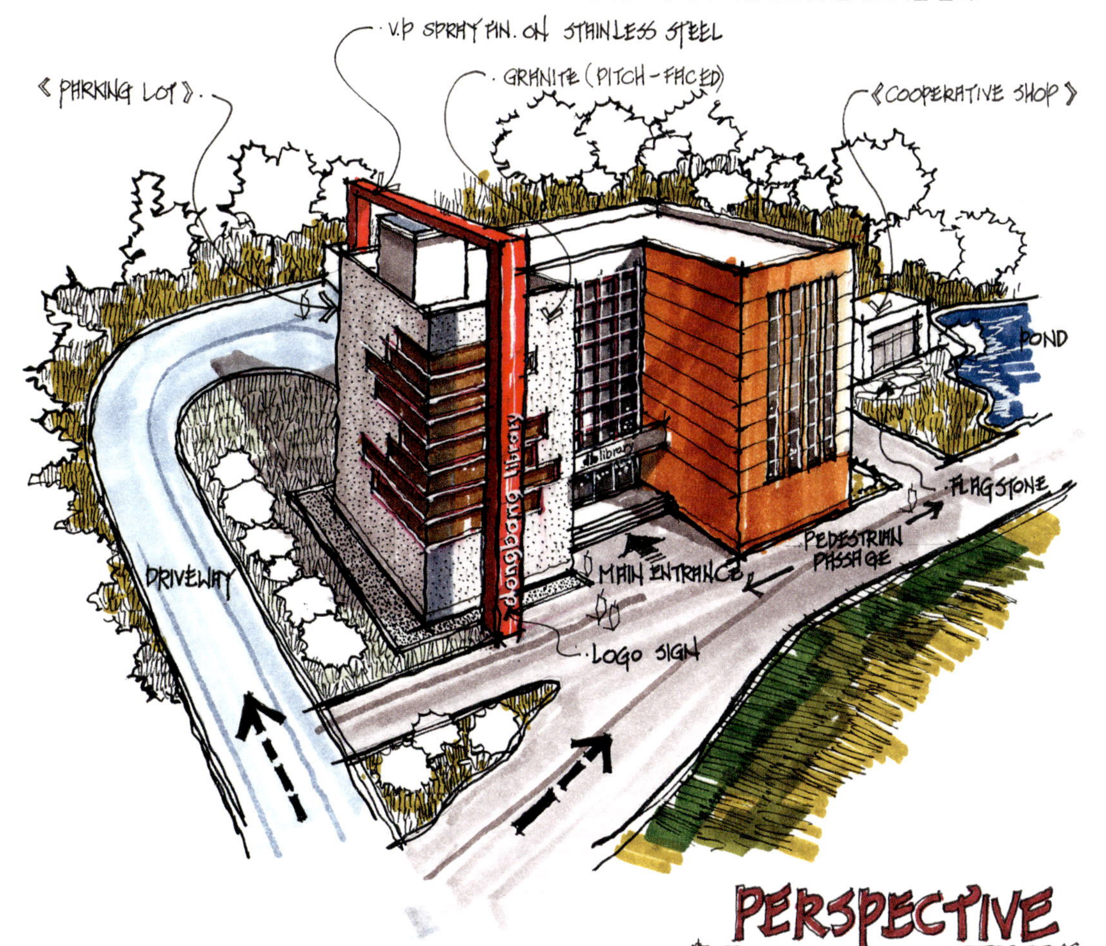

- Perspective 투시도
- V.P Spray fin. on stainless steel 스테인레스강 위 비닐계 페인트 뿜칠 마감
- Granite(pitch-faced) 화강석(모다듬)
- Cooperative Shop 구내 매점
- Driveway 차로
- Main Entrance 주출입구
- Pedestrian passage 보행자 전용 도로
- Flag Stone 깔돌(판석)
- Pond(Pool) 연못
- Parking Lot 주차장

03 조감도(1소점형)

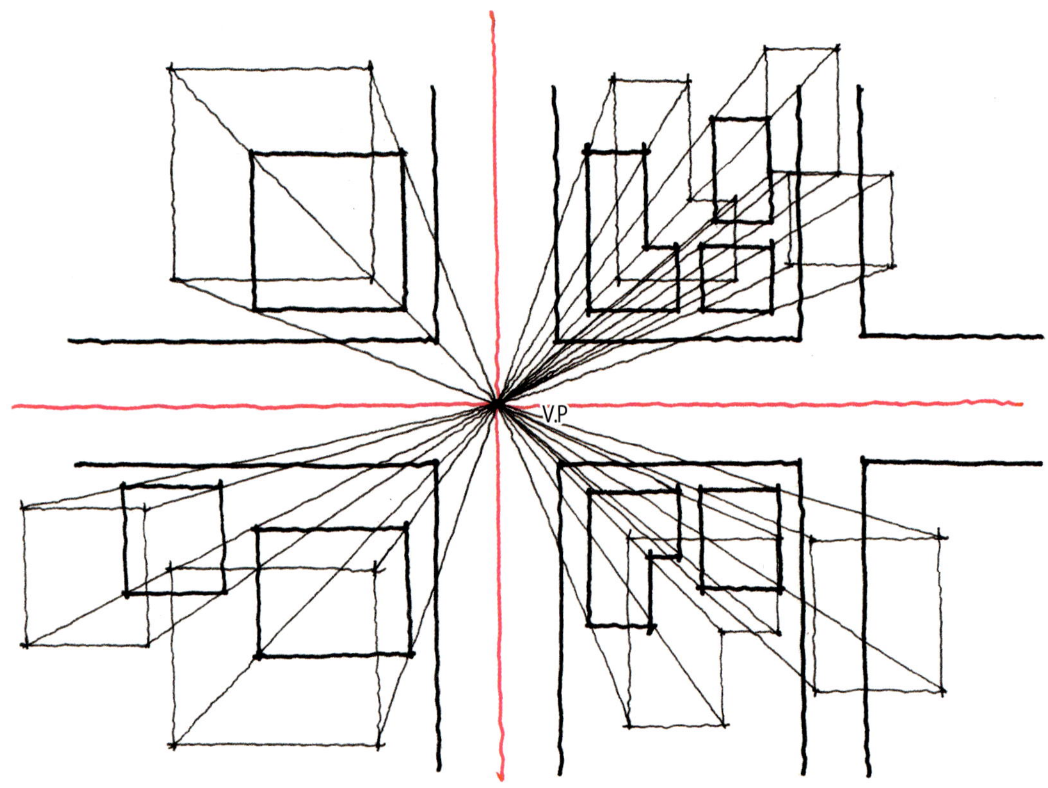

주변 환경적 요건(상호 관계)을 광범위하게 표현할 수 있는 장점의 조감도이다.
평면 상태의 도로와 건물의 위치를 지정한 후 관찰자의 기준(V.P)을 정하고, 방사형으로 뿌리듯 그리면 된다.

빛의 방향을 결정하고, 건물의 높이에 따른 그림자의 길이를 적절히 조정한다. 표현된 결과물은 방법의 예시로 더 상세한 표현을 원한다면, 가로수·자동차·옥상시설물 등을 추가로 그리면 된다.

■ V.P(Vanishing Point) 소점

Architectural rough

sketch technic

part IV

구성별응용 테크닉

건물의 용도별 특성을 반영해 표현하는 방법을 다룬다. 종합적인 디자인 스케치를 응용하여 자신만의 건축 공간 디자인을 계획 스케치로 구현해 보자.

01 주거시설

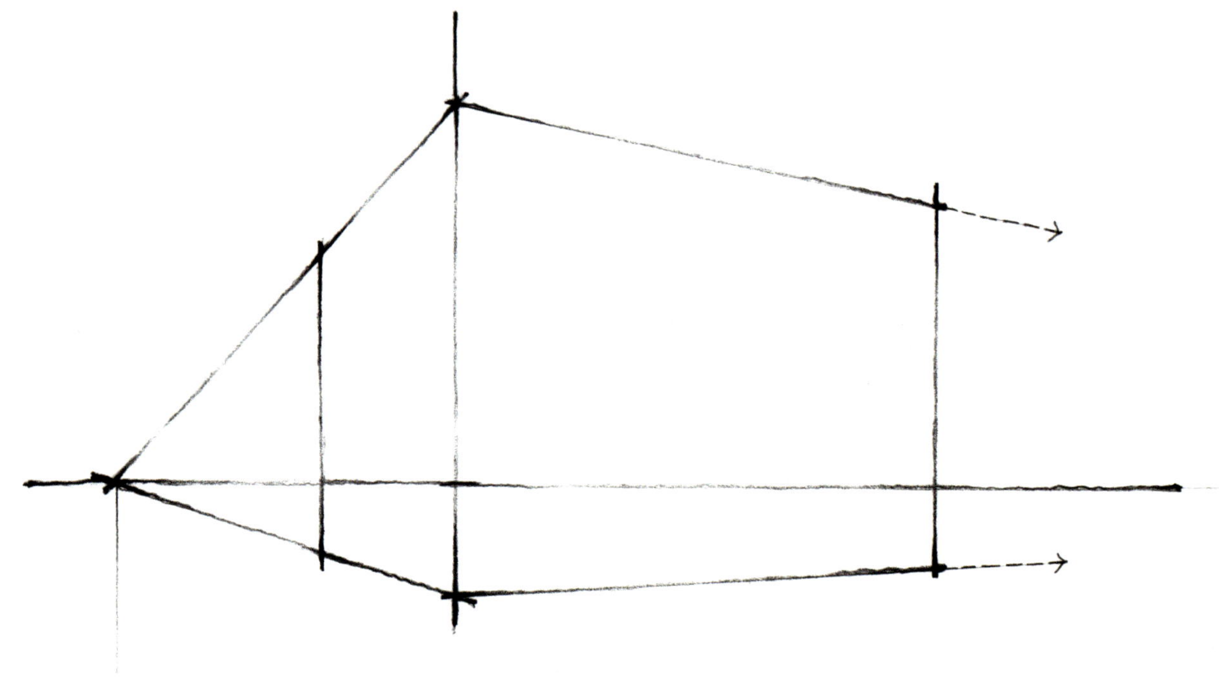

① 눈높이선 → 세로기준선 → 육면체 형태
: 눈높이선과 세로선을 그리고 소점 방향 흐름과
비례에 맞춰 육면체 형태를 잡는다.

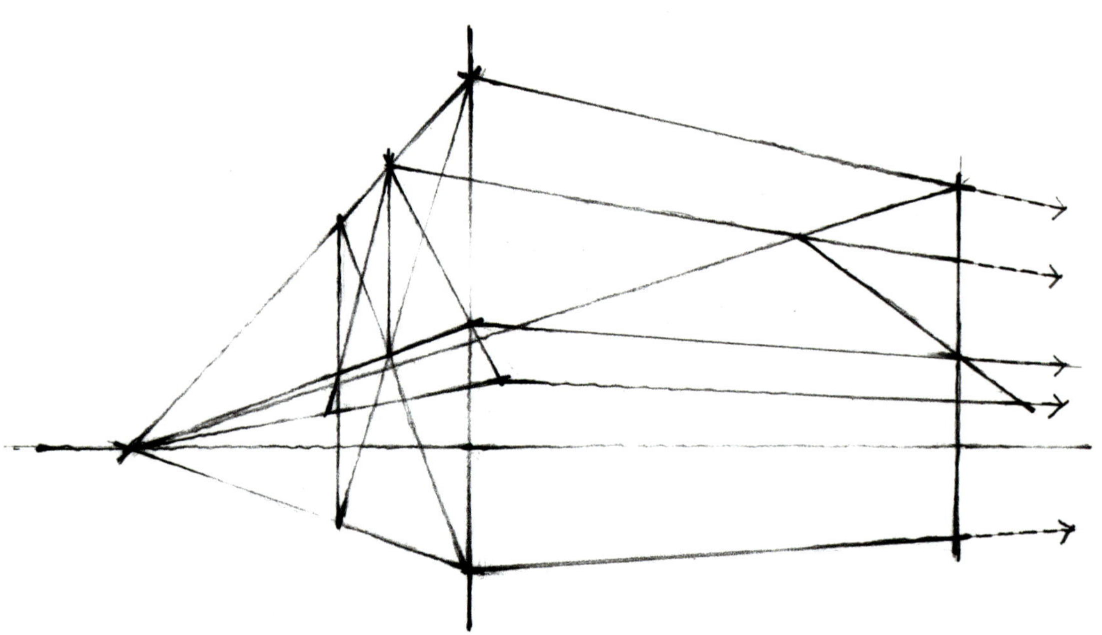

② 지붕 흐름
: 소점 방향 흐름과 비례에 맞춰 흐름선을 그린다.

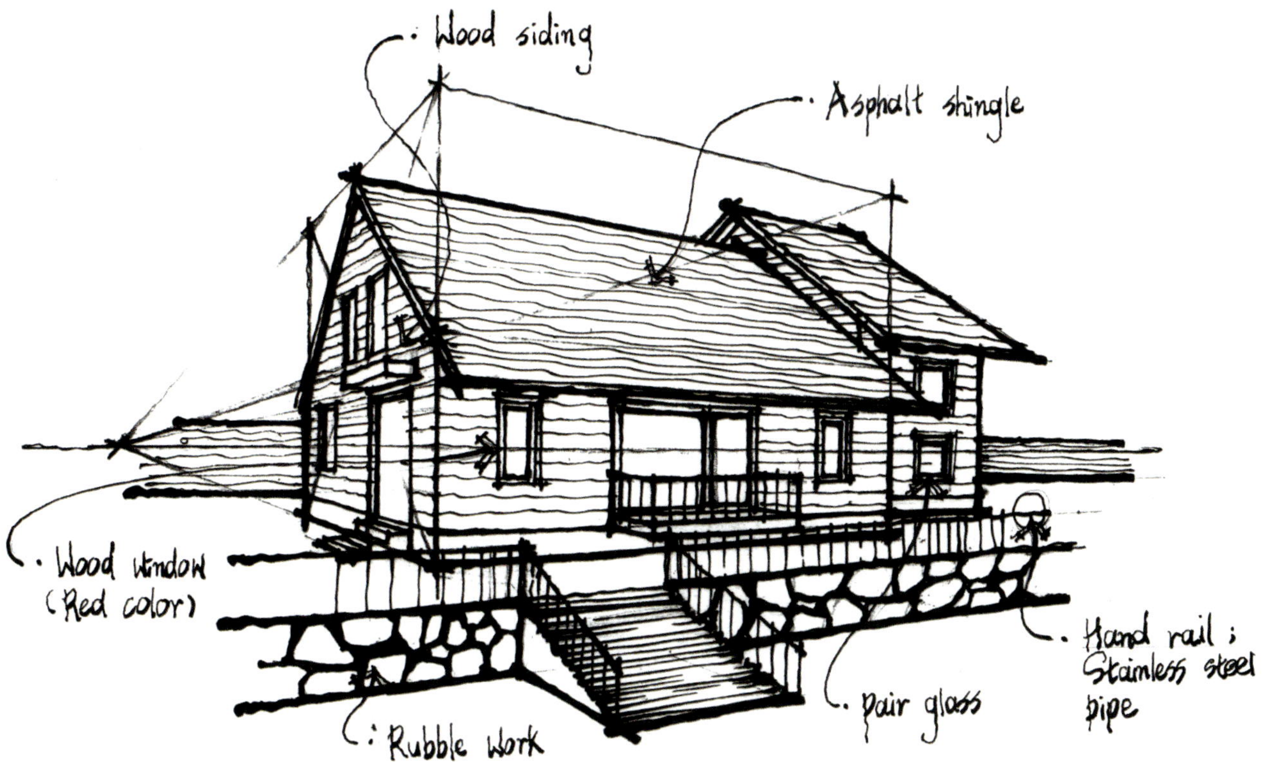

③ 가는 펜으로 눈높이선과 육면체를 그리고 펜으로 형태를 그린다. 글씨까지 써준다.
필요한 재료명도 적어준다.

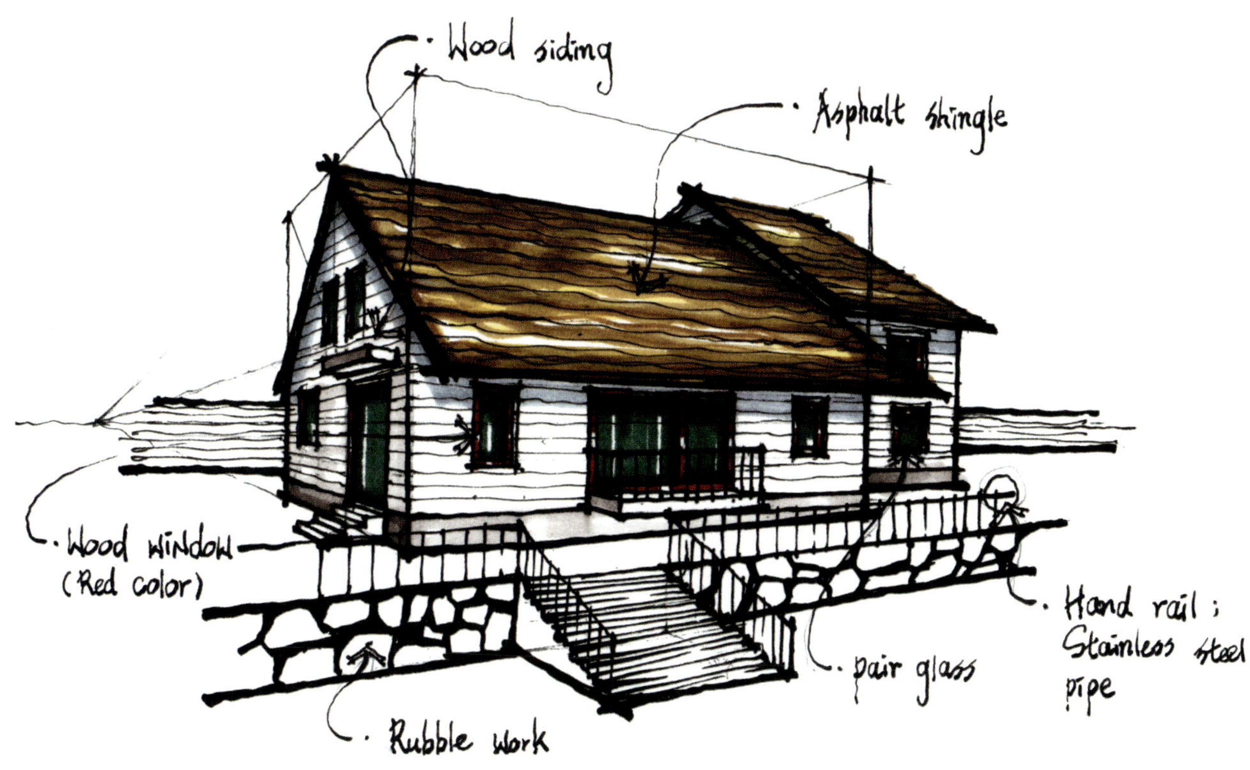

④ 지붕과 벽면을 연한색 마커로 밑바탕을 칠하고 진한색 마커로 입체감을 표현한다.
유리창과 문도 칠한다.

⑤ 앞쪽 전경 부분(바닥, 석축, 계단)을 칠한다.

⑥ 뒤쪽 잔디, 수목, 담벼락을 칠하여 마무리 해준다.

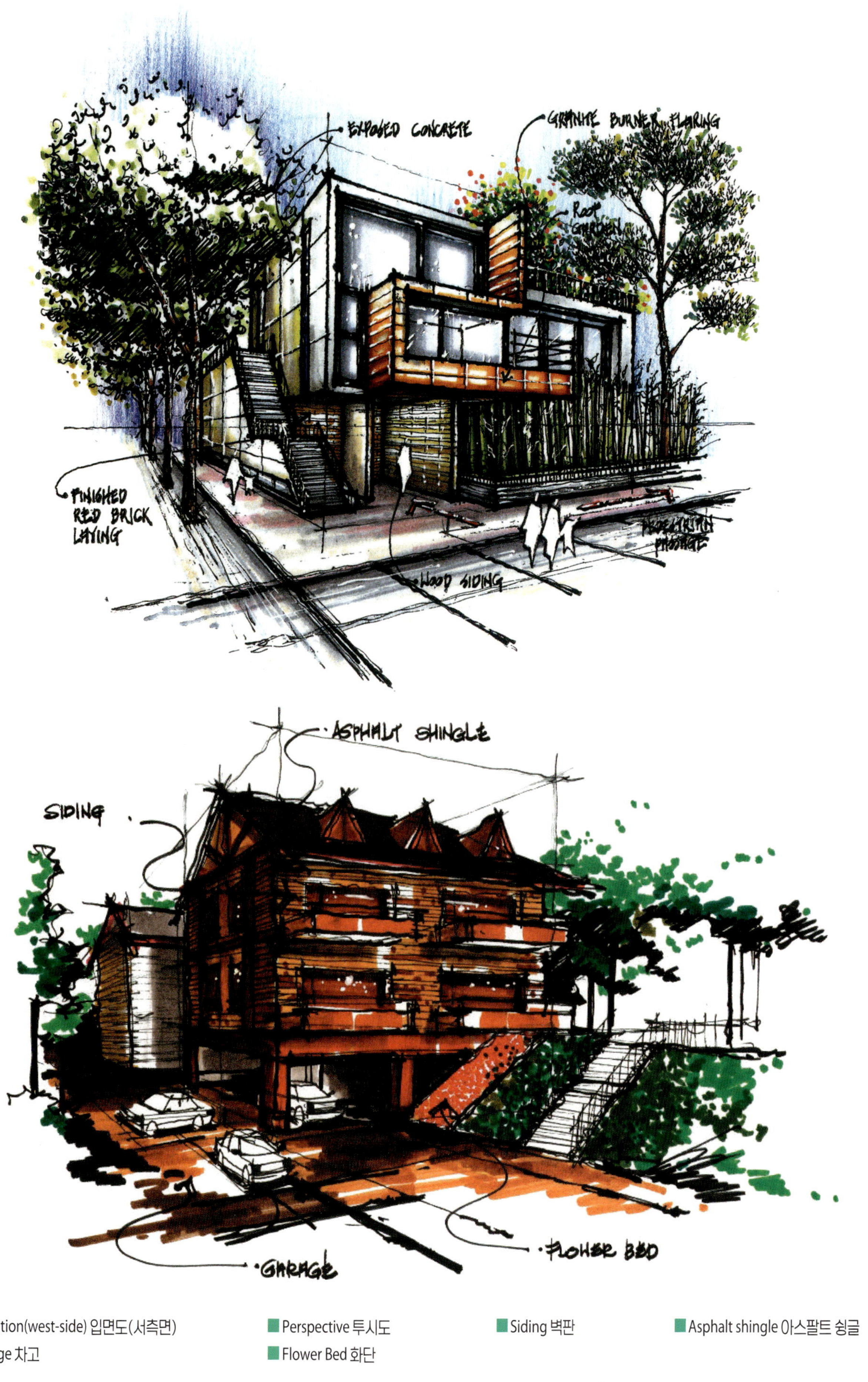

- Elevation(west-side) 입면도(서측면)
- Perspective 투시도
- Siding 벽판
- Asphalt shingle 아스팔트 슁글
- Garage 차고
- Flower Bed 화단

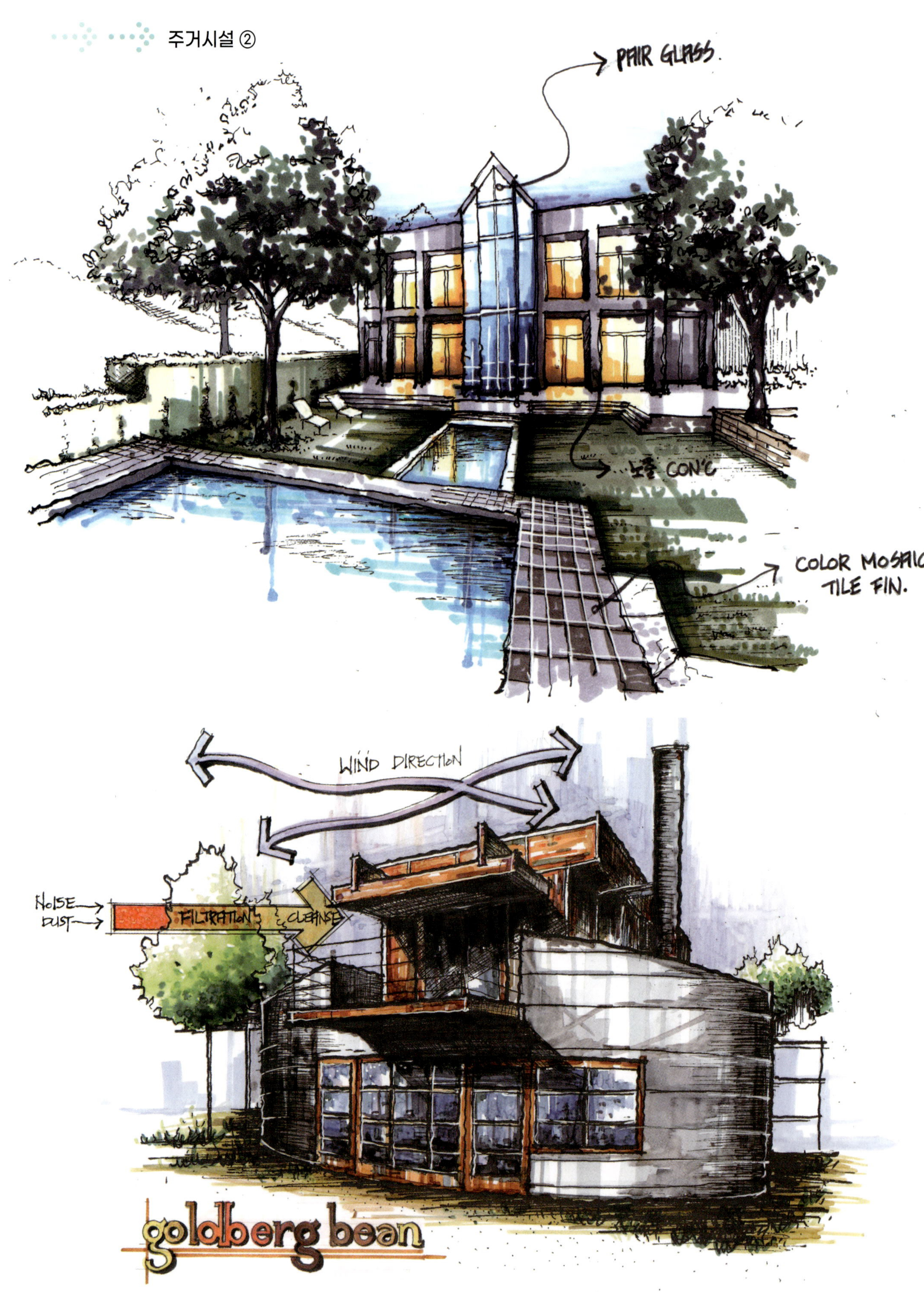
PAIR GLASS
노출 CON'C
COLOR MOSAIC
TILE FIN.
WIND DIRECTION
NOISE
DUST
FILTRATION
CLEANSE
goldberg bean

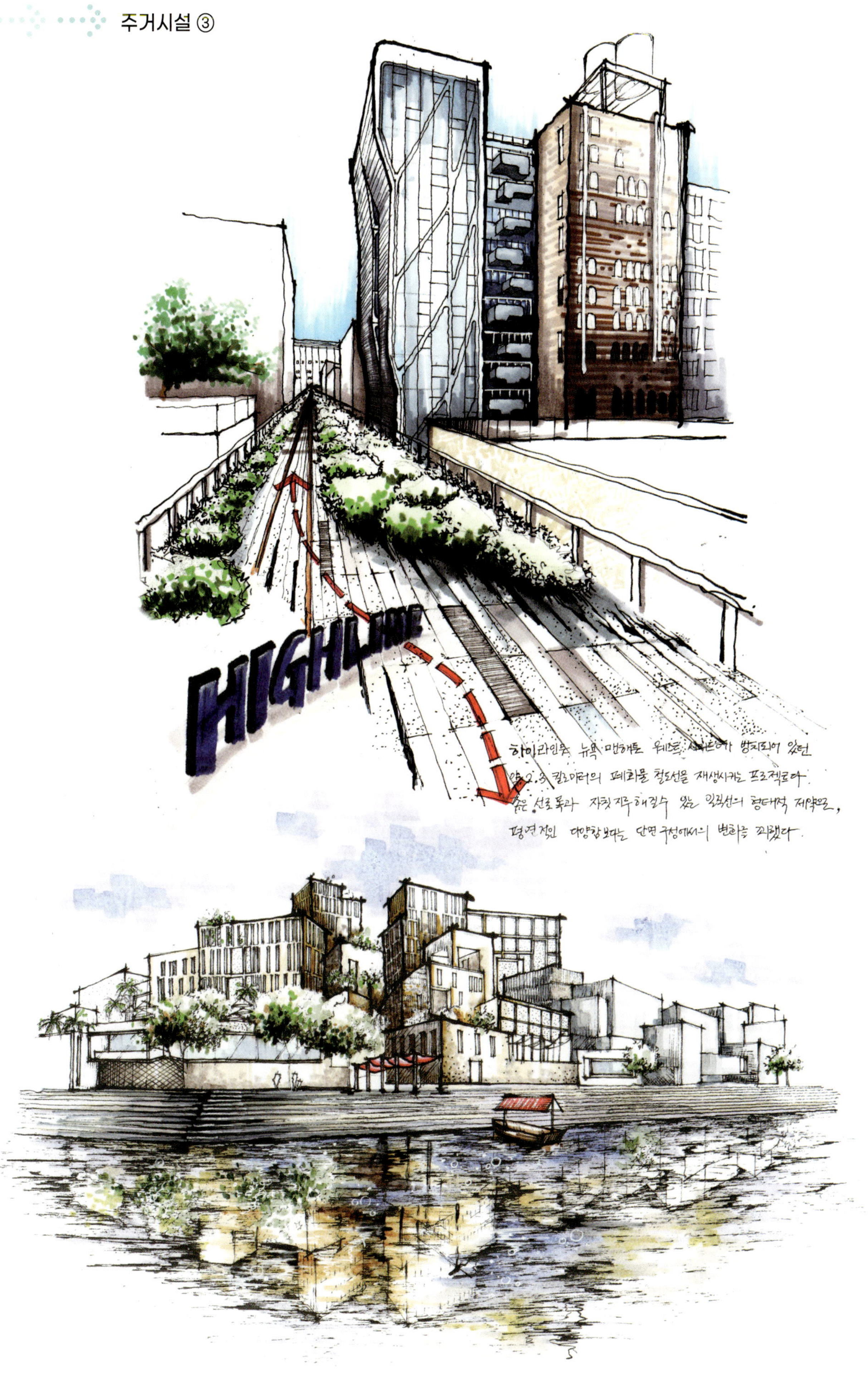
HIGHLINE
하이라인은 뉴욕 맨해튼 웨스트 사이드에 방치되어 있던
약 2.3 킬로미터의 폐화물 철도선을 재생시키는 프로젝트다.
좁은 선로폭과 자칫 지루해질수 있는 일직선의 형태적 제약으로,
평면적인 다양함보다는 단면구성에서의 변화를 꾀했다.

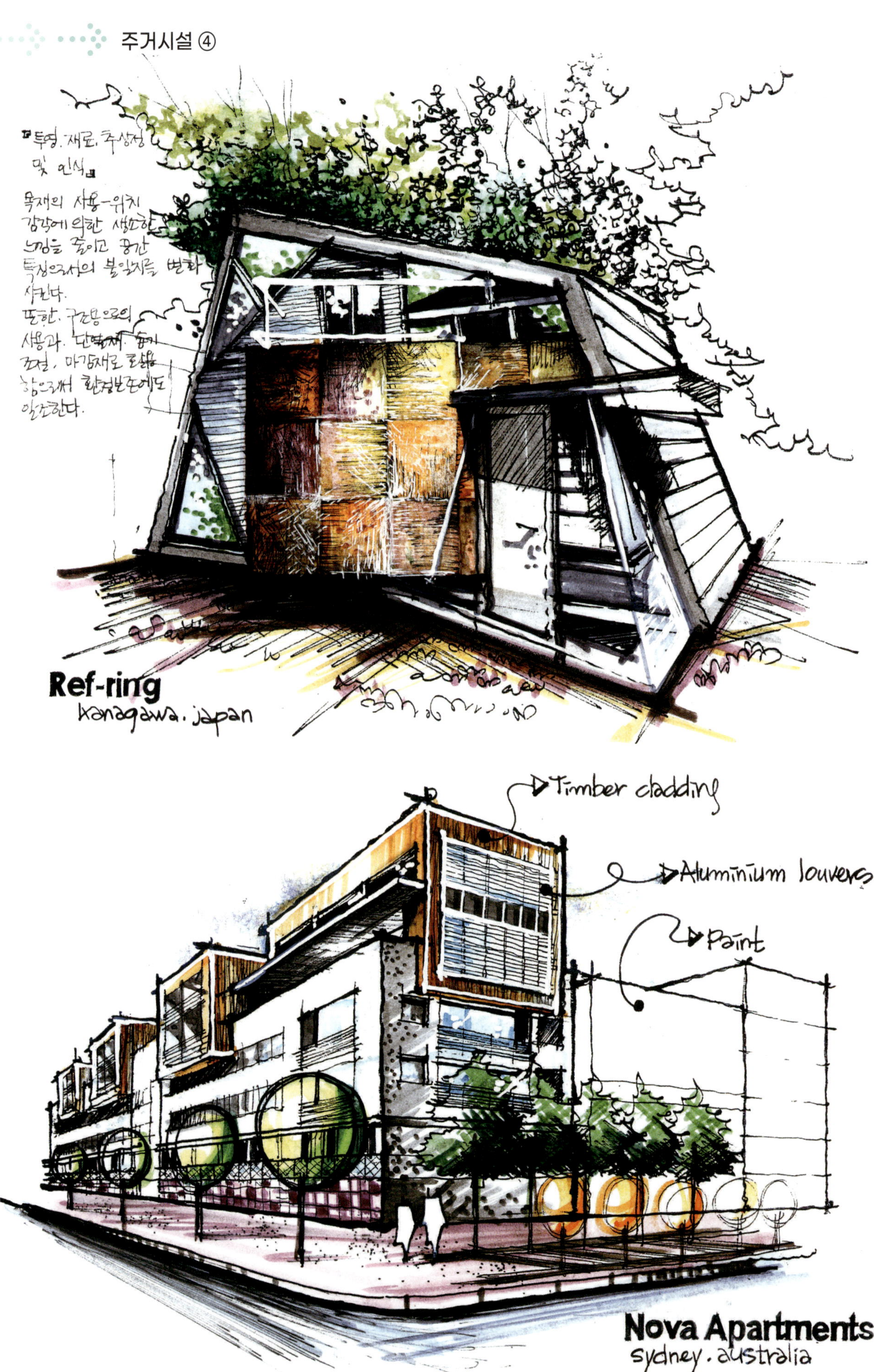
『투명, 재료, 추상성
및 인식』
목재의 사용-위치
감각에 의한 생소한
느낌을 줄이고 공간
특성으로서의 불일치를 변화
시킨다.
또한, 구조용으로의
사용과, 단열재, 습기
조절, 마감재로 활용
함으로써 환경보존에도
일조한다.
Ref-ring
kanagawa. japan
Timber cladding
Aluminium louvers
Paint
Nova Apartments
sydney. australia

[박소영 作]

02 근린생활시설

근린생활시설 ①

■ T150 AL Bar 두께 150mm 알미늄바

■ Design Concept 설계 개요

03 숙박시설

호텔

[한윤정 作]

[박소영 作]

04 구매시설

백화점

■Spandrel Glass 스팬드럴유리 ■Sand Stone 사암 ■Steel Post 철골기둥 ■Parking Lot 주차장 ■Main Entrance 주출입구

의류매장

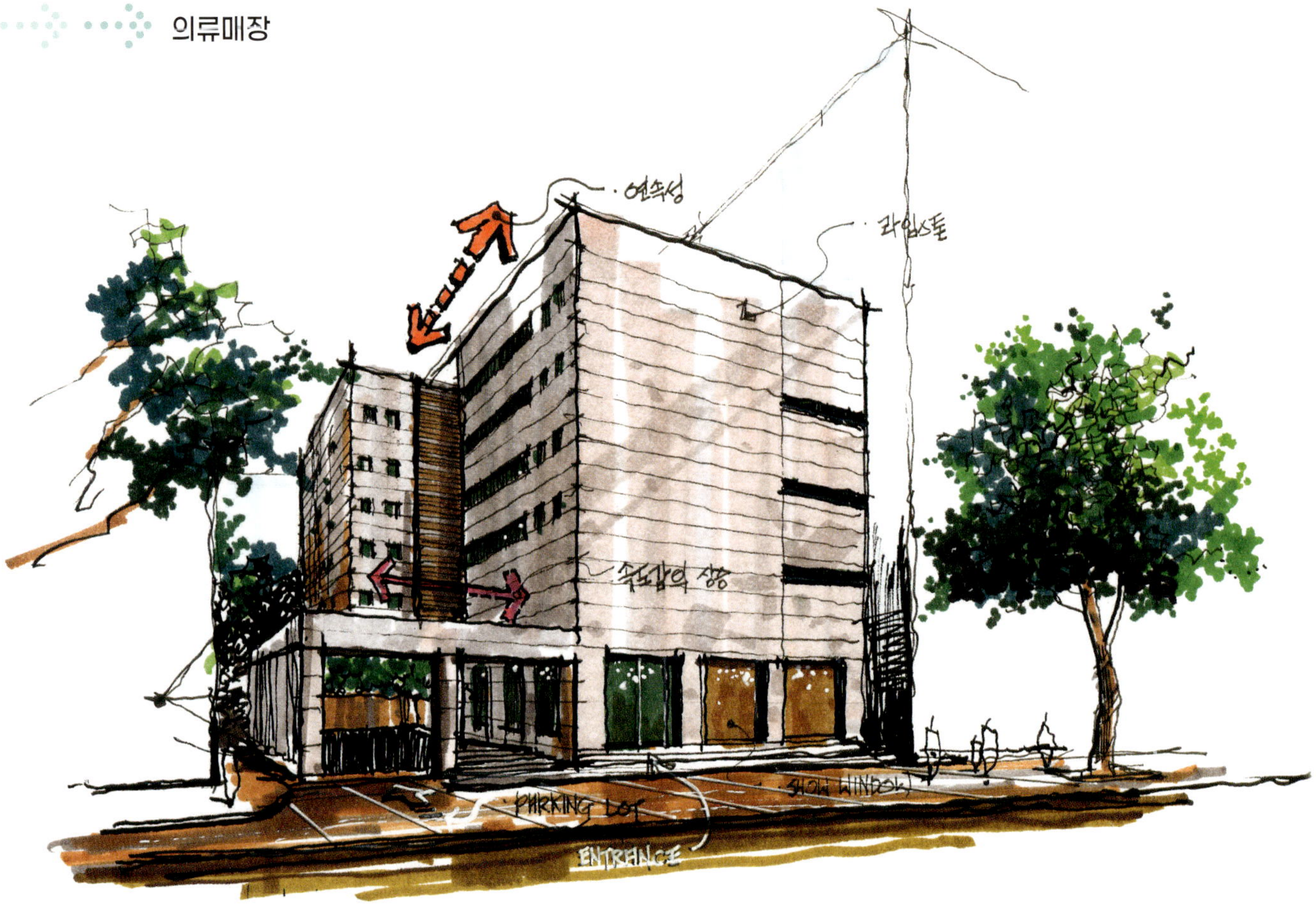

대형할인매장

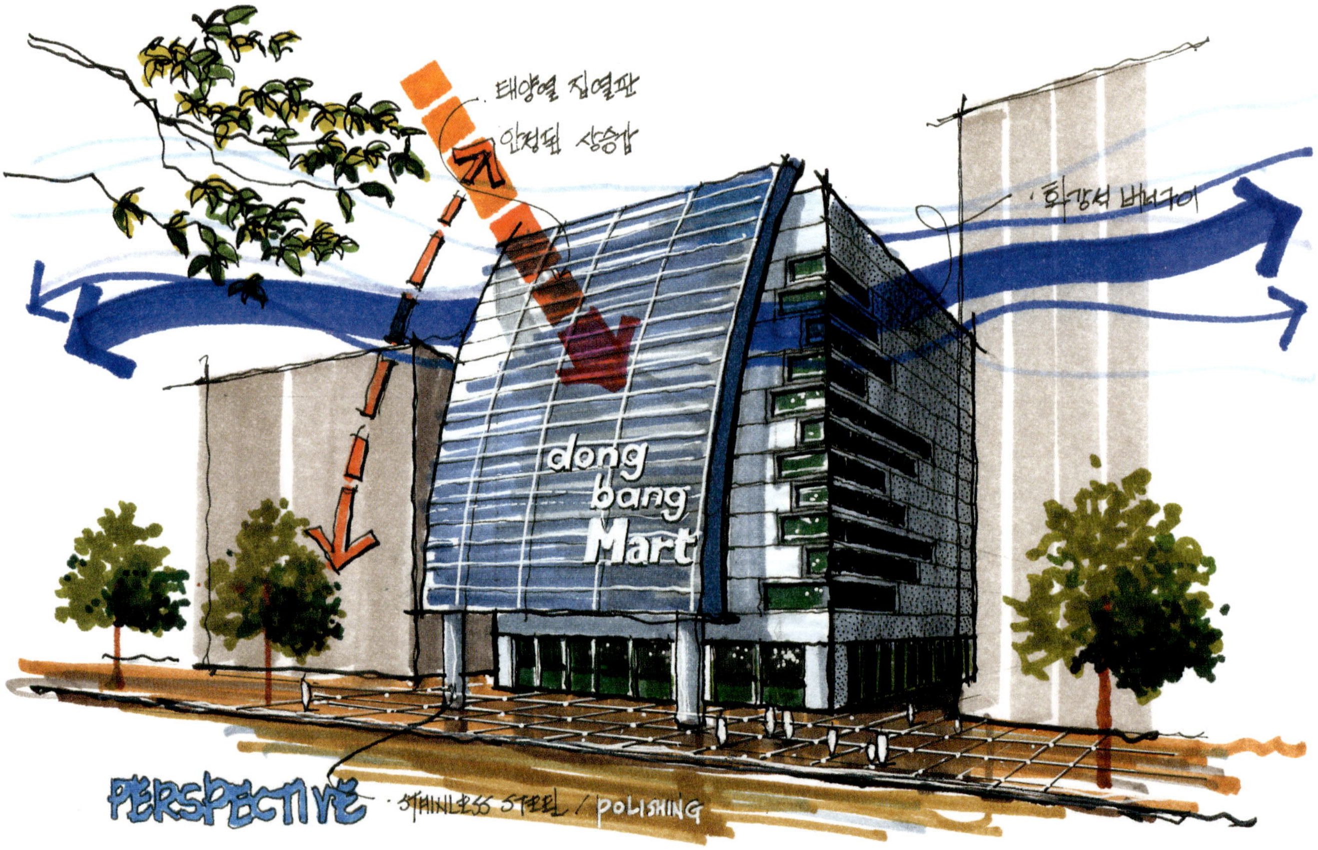

■ Perspective 투시도 ■ Parking Lot 주차장 ■ Show Window 쇼윈도우 ■ Entrance 출입구 ■ Stainless Steel/Polishing 스텐인리스 스틸 폴리싱 마감

05 업무시설

업무시설 ① (청사)

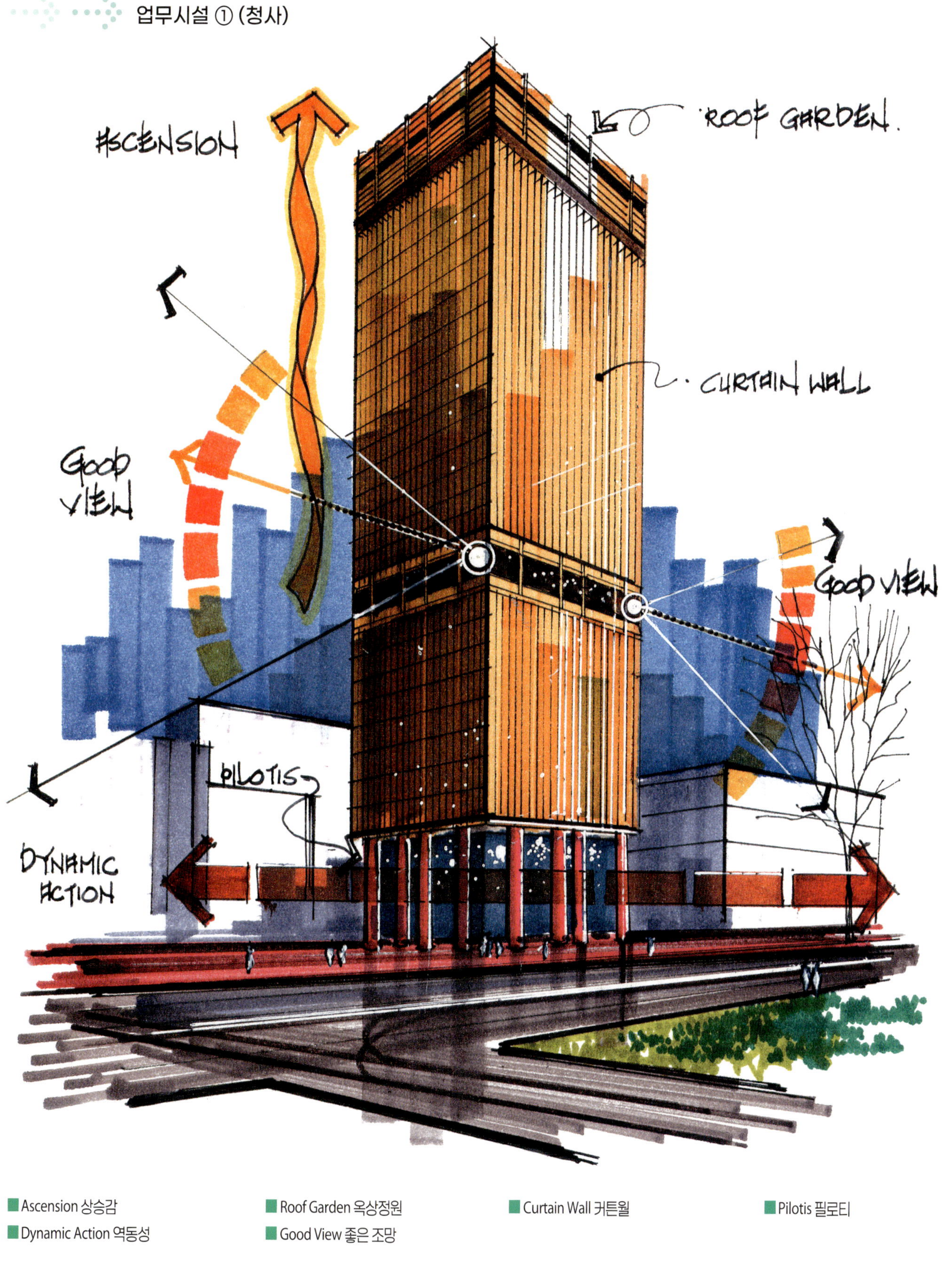

- Ascension 상승감
- Roof Garden 옥상정원
- Curtain Wall 커튼월
- Pilotis 필로티
- Dynamic Action 역동성
- Good View 좋은 조망

[한윤정 作]

[박소영 作]

■ Parking Lot 주차장

06 병원시설

최근들어 나날이 이슈가 되고있는 obesity clinic center(비만클리닉)이다.
비만 치료에 효과를 줄수 있는 청색. 회색 계열의 무채색을 중심으로 전체 건축물의 base를 정하고
병원을 찾는 환자로 부터의 두려움과 부담감을 덜어 줄수 있도록 따뜻한 느낌의 중성색과,
대나무 조경을 통하여 point를 주었다.

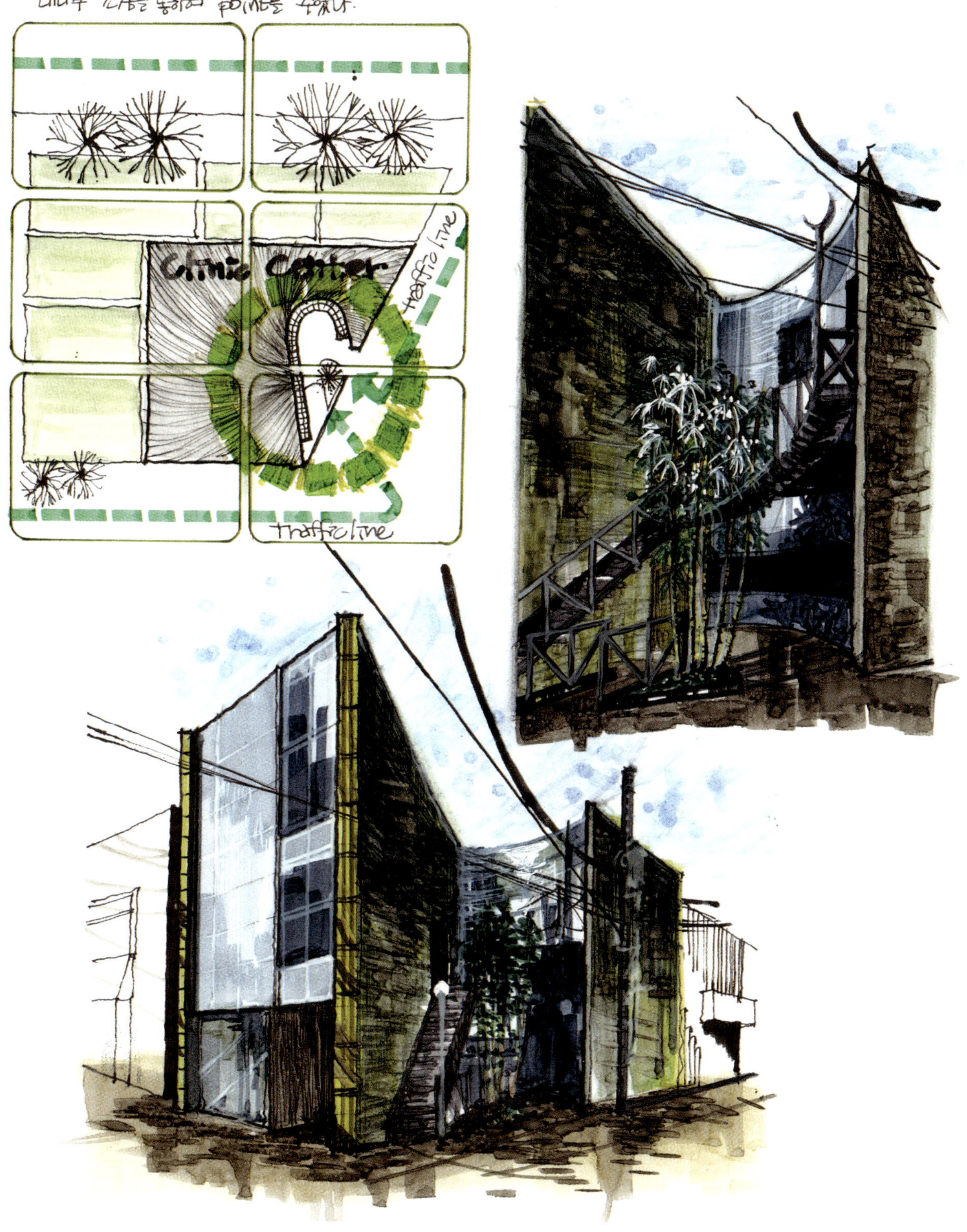

■ Traffic Line 동선 ■ Obesity Clinic Center 비만 클리닉 센터

관람시설

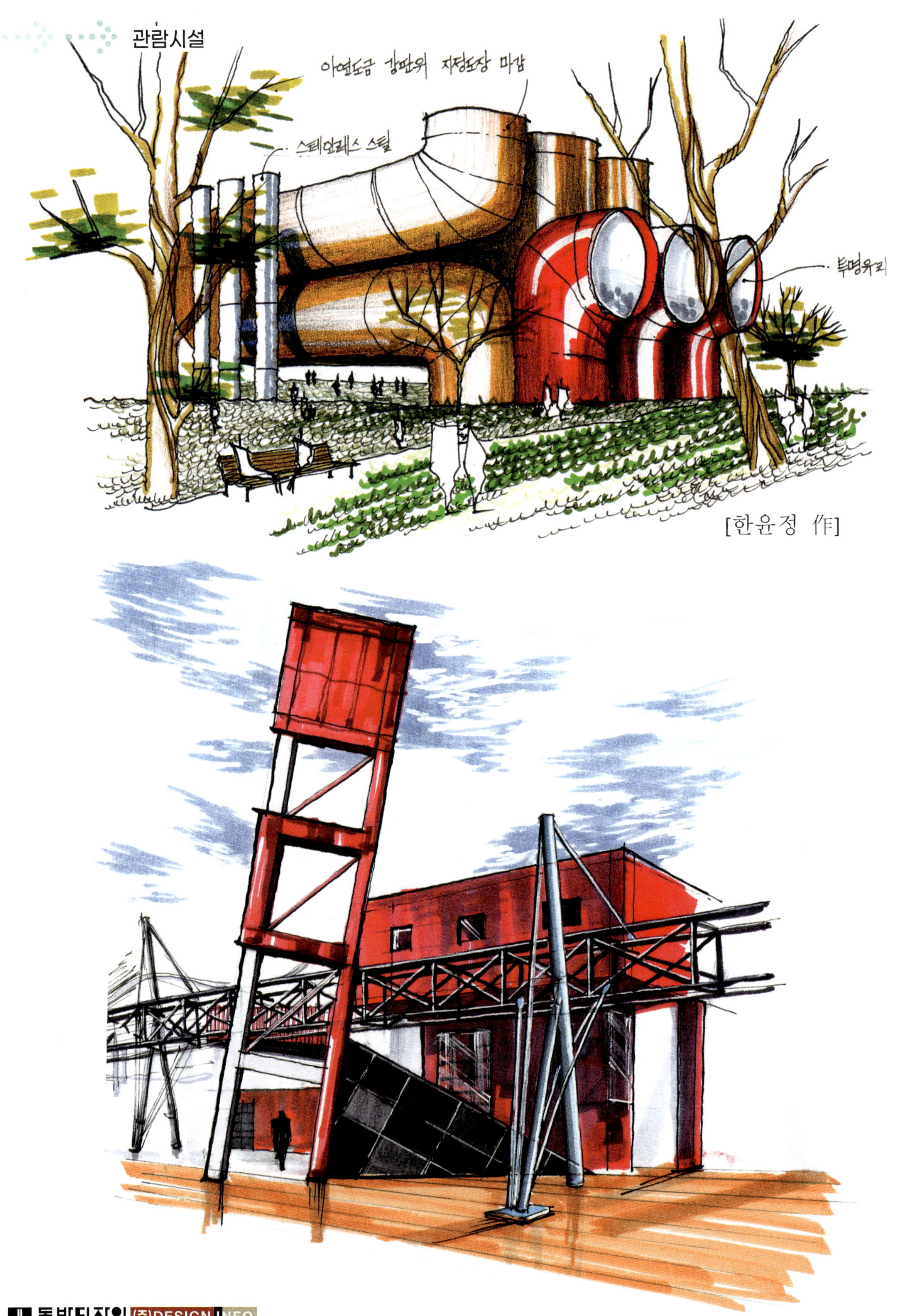

[한윤정 作]

■ Color Aluminium bar 컬러 알루미늄 바 ■ Sand Stone 사암 ■ Spandrel Glass 스팬드럴 유리 ■ Slope 경사(물매)

교육시설 ①

[박소영 作]

새로 지어지는 도서관들에서 보이는 가장 큰 흐름은 대형 컨벤션 센터 기능을 갖춘 다목적 복합 공간 형식으로의 진입이 눈에 띈다는 점이다. 초고속 인터넷 망의 확산과 서지 자본의 디지털화는 자연히 도서관으로 하여금 타율적 체계에 의존하는 지식의 창고가 아니라 정보통신망의 기반 위에 자율적으로 구동하는 지식의 매트릭스로서 네트워크 기능을 강화하게 만드는 추세이다.

■ Entrance hall 현관홀 ■ Floor plan 평면도

09 기타시설

기타시설 ①

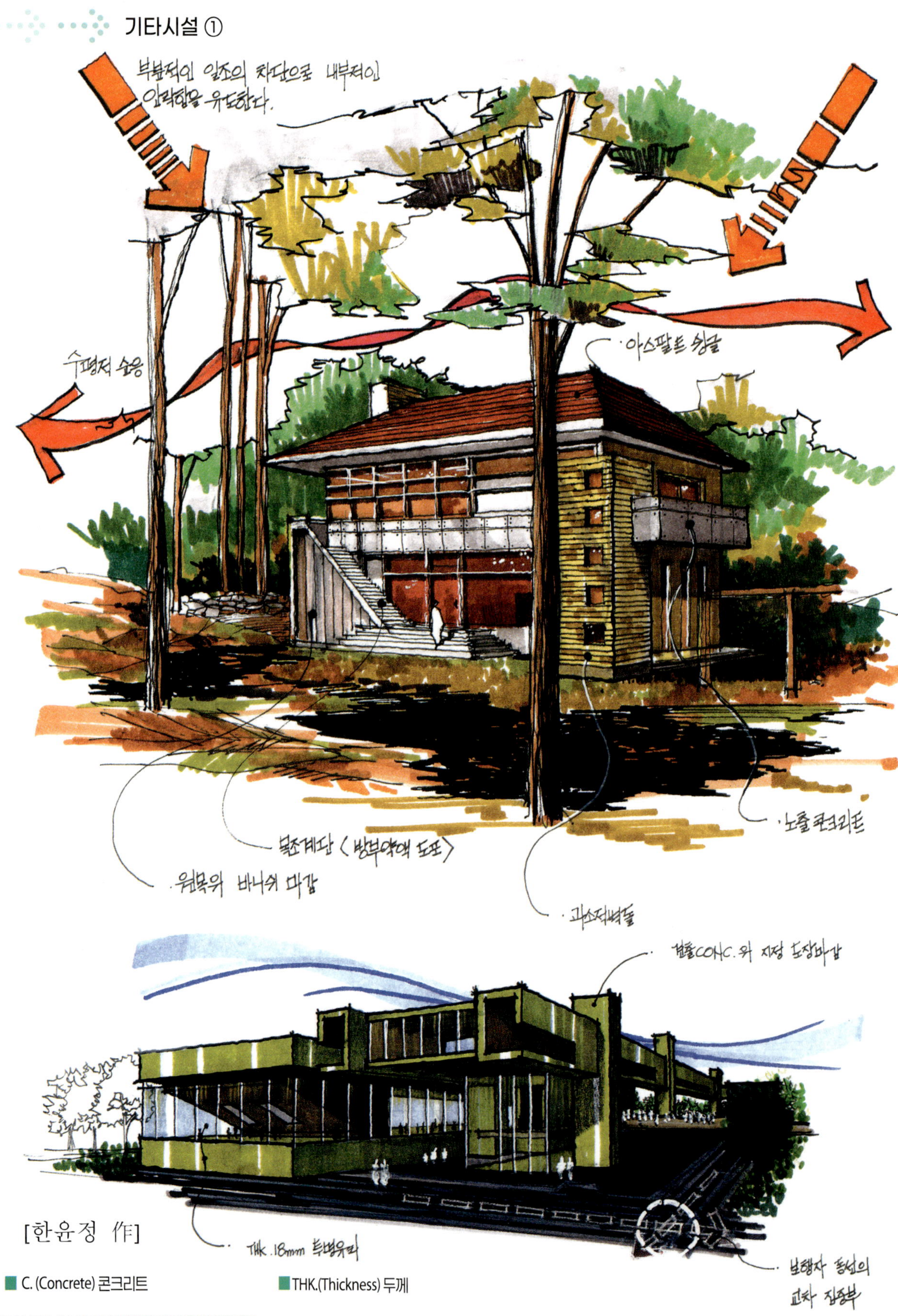

[한윤정 作]

■ C. (Concrete) 콘크리트　　■ THK.(Thickness) 두께

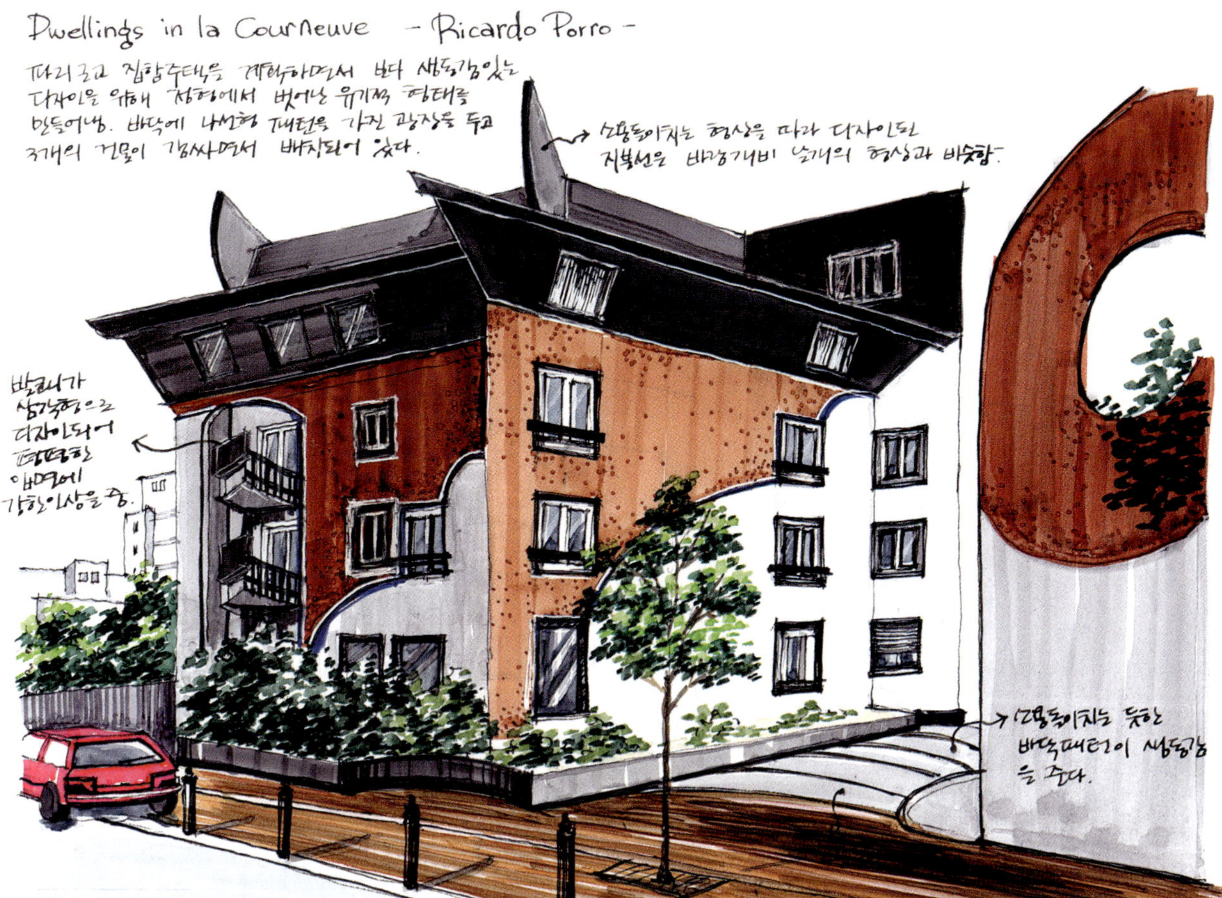

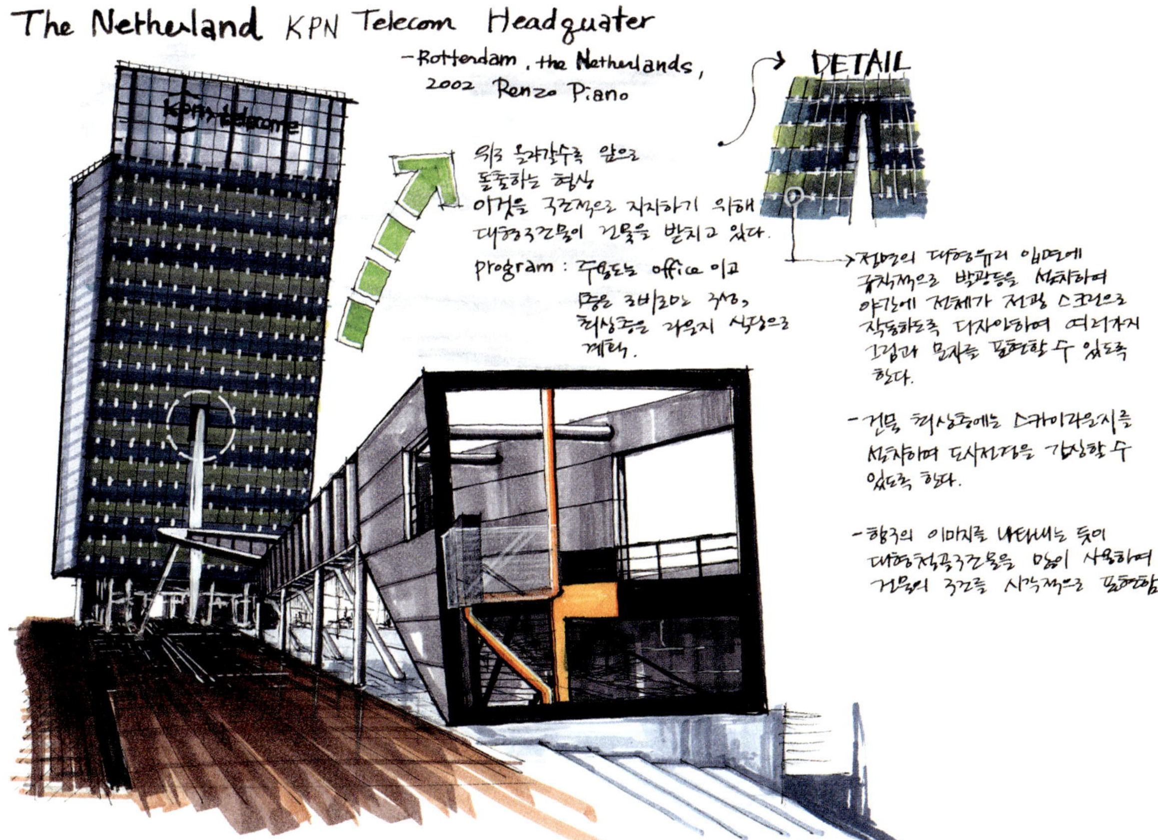

■ Program 구성 계획

■ Detail 상세

Benelux Merkenburo
(Den Haag, The Netherlands, 1993, Herman Hertzberger)

수공간과 연계된 정원이 좋은전망을 제공하고 있다. Black+white 의 대비가 강한 이미지를 제공하고 대지의 잔디와 건물또한 강한 대비를 나타내고 있다.

- **외부마감재 : THK300mm 화강석 물갈기, 버너구이**
- 창호 : THK24mm 복층반사 및 투명유리 + THK100mm알루미늄
- 구조 : 철골콘크리트 라멘조

탄하고 교외 작은 운하가 흐르는 곳에 위치. 푸른잔디위에 검은매스가 대조적으로 눈에 띄며 운하와 함께 수공간이 건물과 결합되어 있다.

THK.(Thickness) 두께

Baumschulenberg Crematorium - Berlin. Germany. 1998, Alex Schultes + Charlotte Frank -

Embankment Place - Terry Farrell

1990년대 지어진 것으로 위치상 더 바랄게 없이 좋은 템즈강 유역에 자리잡은 대규모프로젝트. Charing Cross는 Charing Cross 낡은 철로 역사 상부 공중권 지역의 공중에 떠있는 한개의 둥근 지붕 매스위에 또 하나의 둥근 지붕 매스가 계단식으로 올라간 두개의 거대하고 원통형 둥근 지붕 매스로 이루어진 신축 사무실 건물이다. 이 건물은 강쪽 정면을 통해 템즈 대저택의 전통을 부활시켰으며. 철로 아래 아치형 공간에 자리잡은 상점들, Hungerford 다리와 철로 플랫폼에서 곧바로 Strand로 이어지는 보행로로 이 계획은 런던 사람들에게 새로운 도시의 시설을 제공하였다.

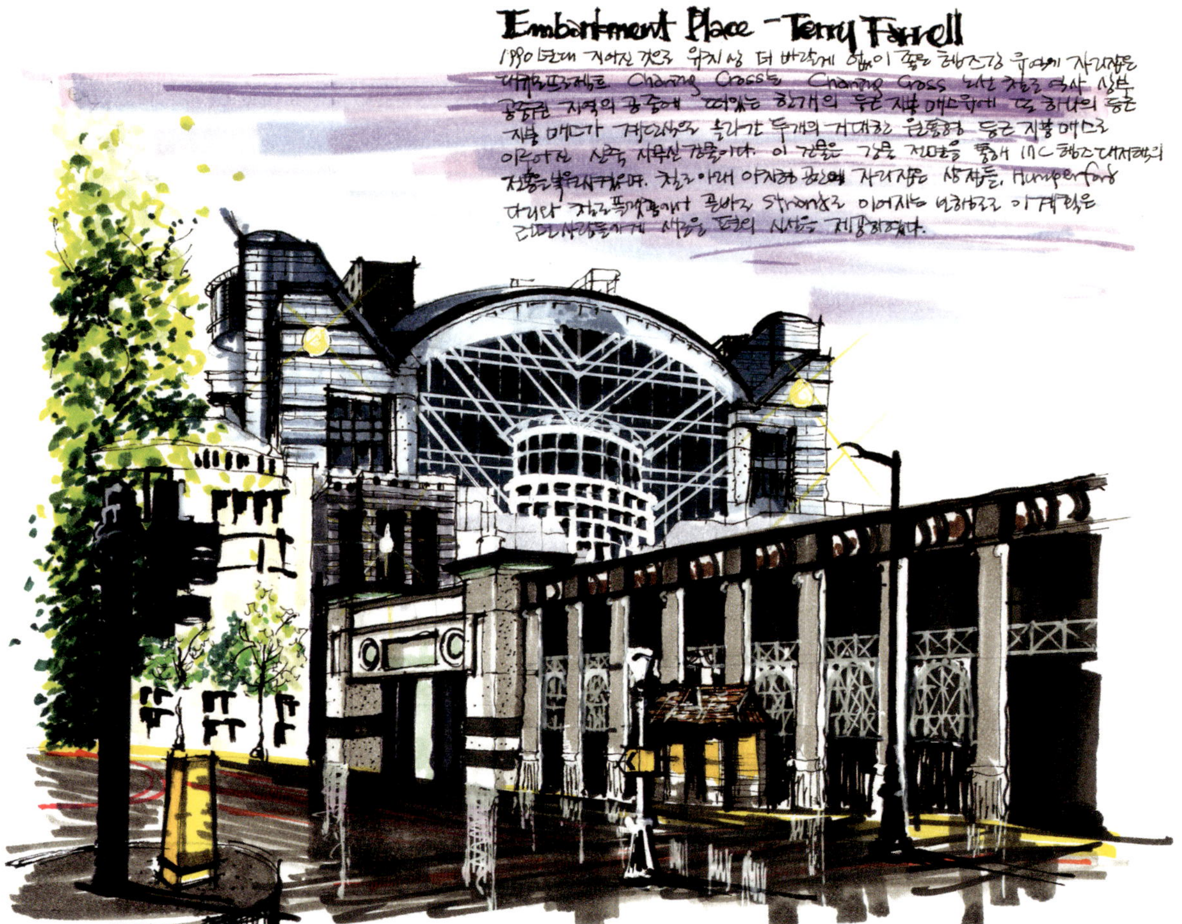

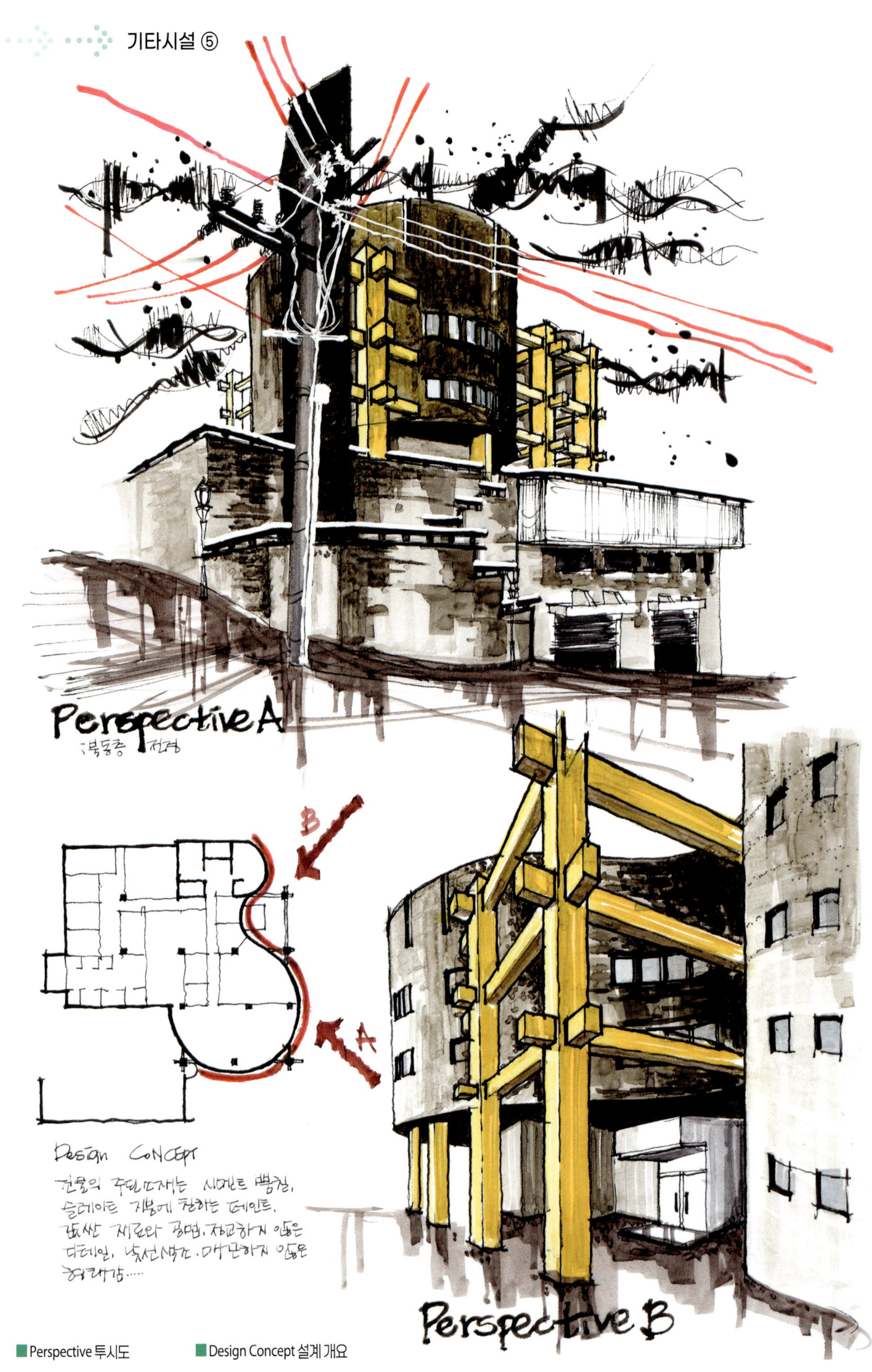

■ Perspective 투시도　■ Design Concept 설계 개요

Architectural Planning Sketch

part V

계획스케치 테크닉

계획스케치는 건축·디자인 등의 분야에서 아이디어를 시각적으로 구체화하는 는 초보 단계의 스케치로, '아이디어 스케치'라고도 불린다. 주로 설계 대상의 의 컨셉을 잡고 구성, 비례, 색상, 재질 등을 간략히 표현하여 아이디어를 검토하고 발전시키는 과정의 밑그림 작업이다.

1. 주거시설
2. 공공시설
3. 업무시설
4. 상업시설
5. 문화·집회시설
6. 숙박·위락시설
7. 교육·연구시설
8. 의료시설
9. 복합시설

PLOT PLAN

Concept

「모던과 사선의 만남」

우리나라는 장마시즌이 존재한다. 다시 말하면 비가 오는 날이 분명히 있다는 것이다.
집을 지을 때 어느 것 하나도 무시할 수 없는 부분이지만 그 중에서도 가장 중요한 부분이 방수이다. 절대로 비가 새서는 안 된다는 뜻이다. 이런 기능적 부분을 극도로 강조하고 사선을 적용한 디자인으로 클래식이 아닌 모던한 스타일의 군더더기 없는 주택을 설계하였다.
과하게 보다는 덜어내는 주택으로 강렬하고 심플한 이미지를 표현하였다.

하늘을 향하는 경사 지붕은 역동적이면서 생동감 있는 풍부한 장면을 연출한다. 이는 사람의 시선을 사로잡을 뿐 아니라 독특한 입면을 만들어 낸다.

Function - Detached House

Structure - Reinforced Concrete

Perspective

「자연과의 소통을 통한 자기완성의 공간」

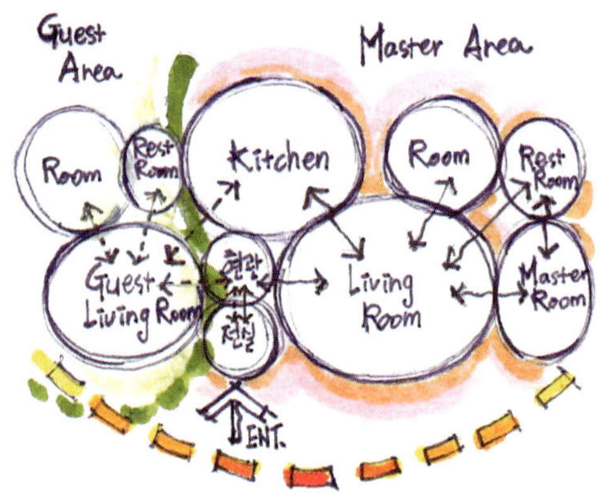

조닝 및 동선 다이어그램

세월을 쉼없이 달려온 60대 후반의 부부가 은퇴이후 심신의 안정과 여유를 얻고자 의뢰한 단독주택 계획이다.

주변으로 고즈넉한 산이 포근히 휘감고 있는 이 대지의 이야기에 귀를 기울이고 있다보면 본인도 모르는 사이 몸과 마음이 정화되고 치유됨을 은근하게 느낄 수 있다.

'자강(自強)'이라 함은 스스로 강해짐을 의미하며 이 집에 들어서는 모든이들이 내적, 외적으로 좋은 기운을 얻어가기를 바라는 마음으로 명명하였다.

외부의 형상은 주변경관과 어우러지는 태를 갖추고자 하였고 공간적으로는 자연을 마주할 기회를 수시로 얻을수 있도록 하였다.

건물 내부에서도 언제든 산, 나무, 바람과 교감할 수 있는 중정, 테라스의 공간을 계획하였다.

이 공간이 건축주 부부의 인생 2막에 새로운 영감을 불어넣었으면 한다.

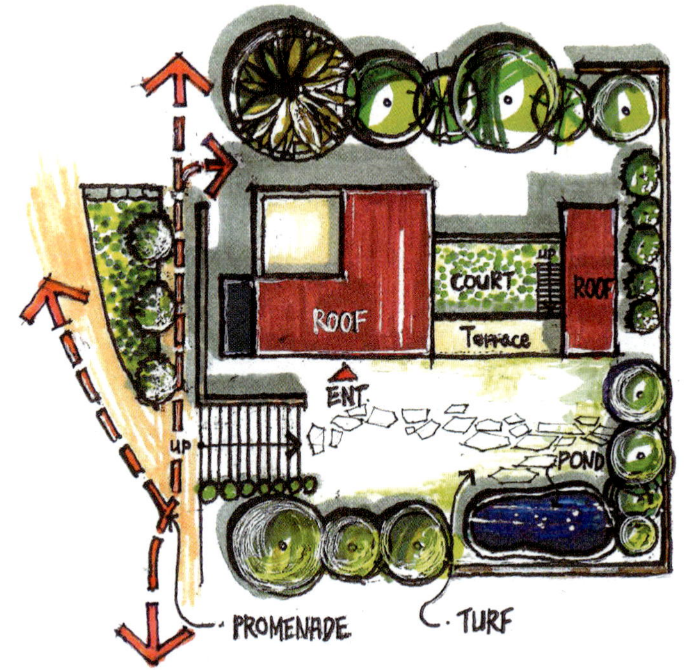

plat plan

Perspective

Concept

주거공간과 자연이 어우러져 친환경 테마를 경험할 수 있는 주택으로 계획하였으며 바다의 흐름과 언덕의 자연적 요소를 그대로 살려 리듬감 있는 경관을 연출하였다. 자연 그대로의 레벨을 활용한 공간구성으로 입면디자인 특화 및 친자연, 친환경의 이미지를 극대화하고자 하였다.

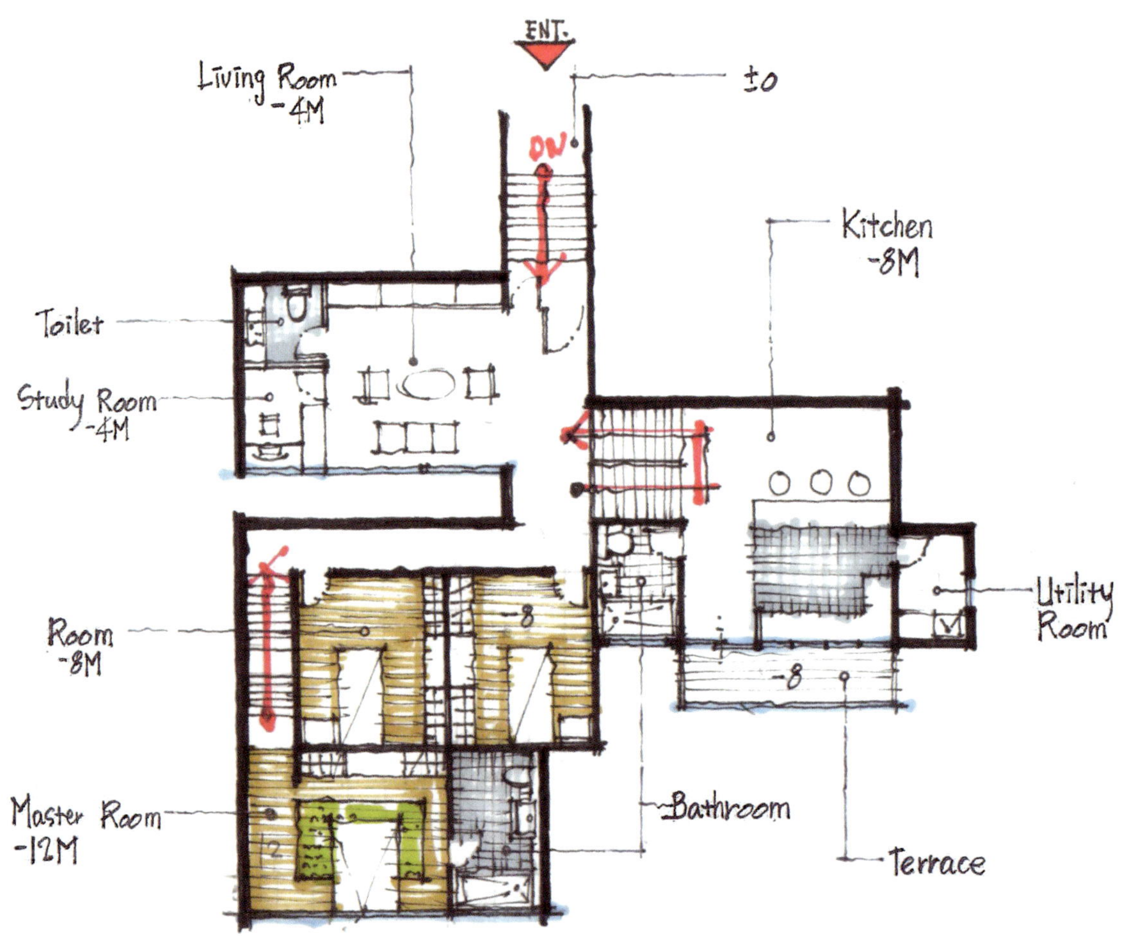

House on the Coast

Perspective

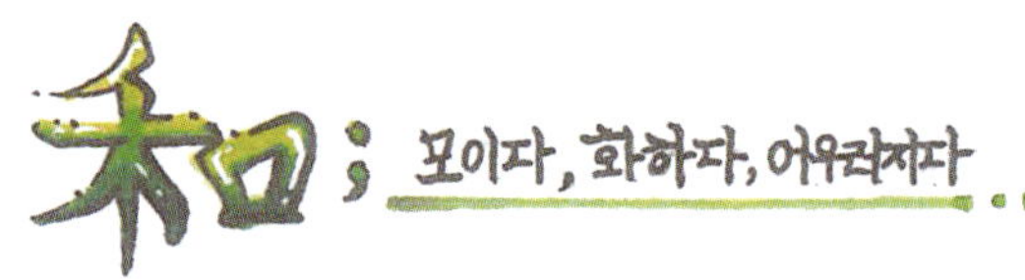

CONCEPT & MASS STUDY

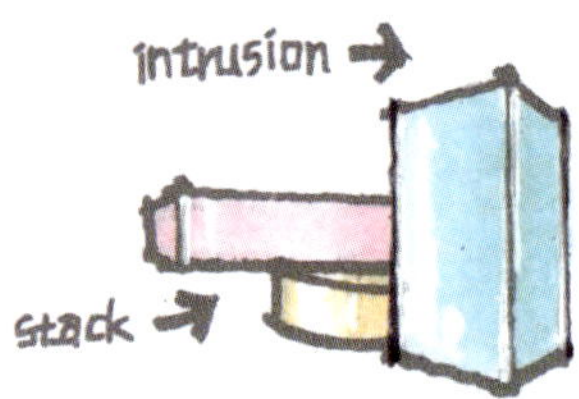

'和'의 부수에서 나타나는 비벼짐, 펴짐, 모임 세 가지의 형에서 착안 서로 다른 매스를 관입하고 겹쳐 어우러짐의 컨셉을 부각한다.

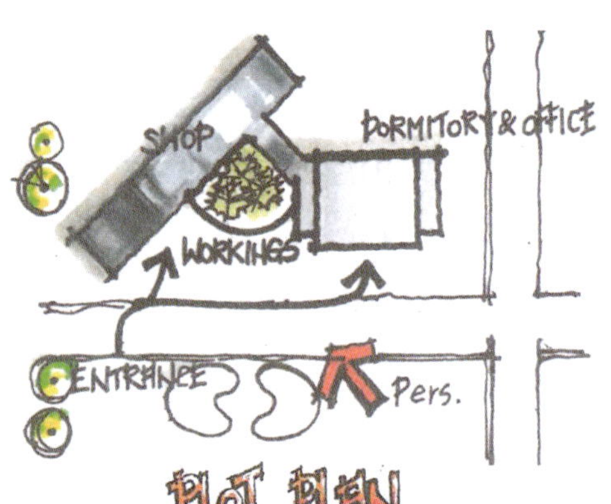

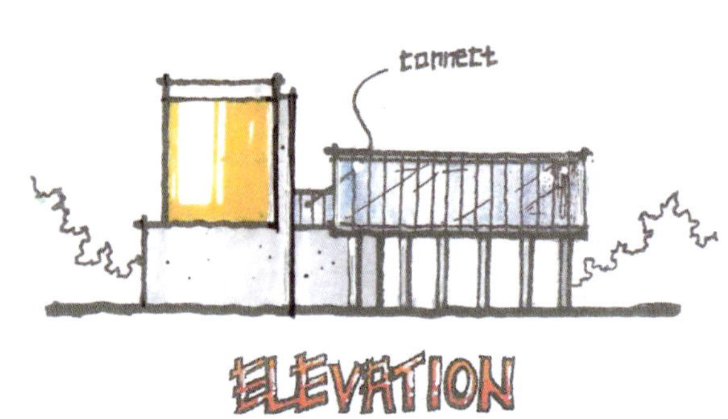

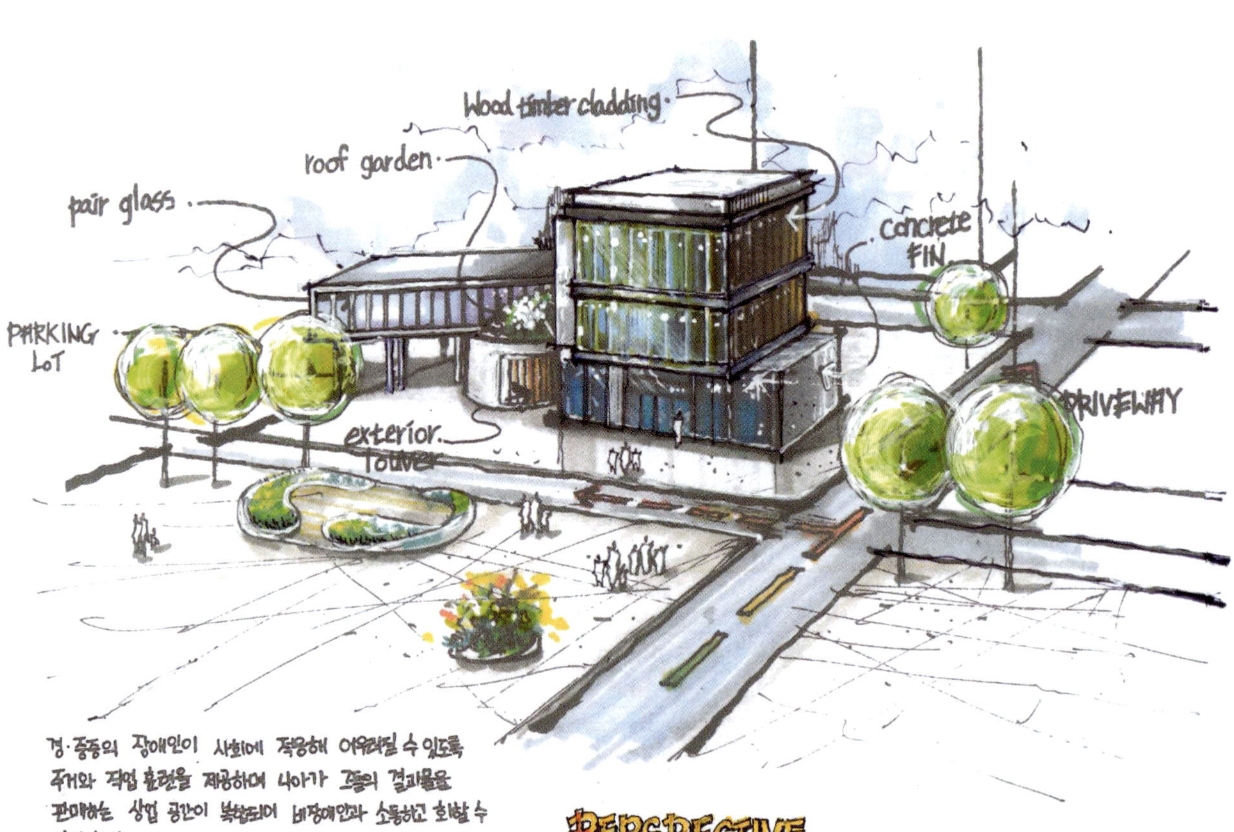

경·중증의 장애인이 사회에 적응해 어우러질 수 있도록 주거와 직업 훈련을 제공하며 나아가 그들의 결과물을 판매하는 상업 공간이 복합되어 비장애인과 소통하고 화합할 수 있게 한다.

PERSPECTIVE

COMMUNITY SERVICE CENTER

행정복지센터

: 신도시 아파트 단지 사이에 위치한 행정복지센터이다.
블록의 딱딱함을 부드럽게 바꿔 지역사회의 연결고리 역할을 하는 행정복지센터의
고유기능에 카페·휴게실과 같은 쉼터 기능을 더하여 멀티스페이스가 되도록 계획하였다.

DESIGN MOTIVE

유기적 형태변화
단순화
그룹화
재배치 최종MASS
A
B
C
D
A+C
B+C
2F
Roof top terrace
Bridge
1F

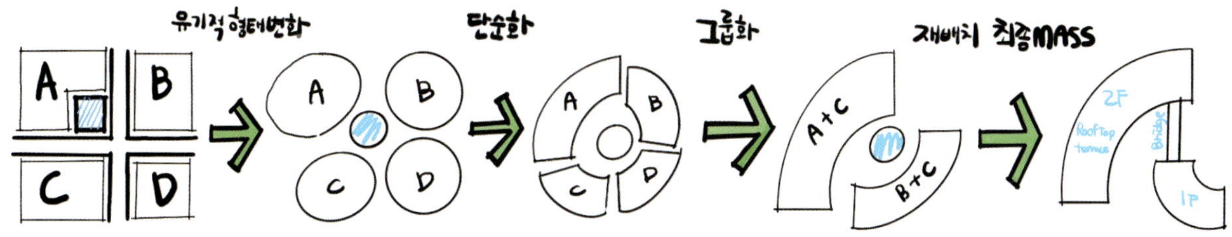

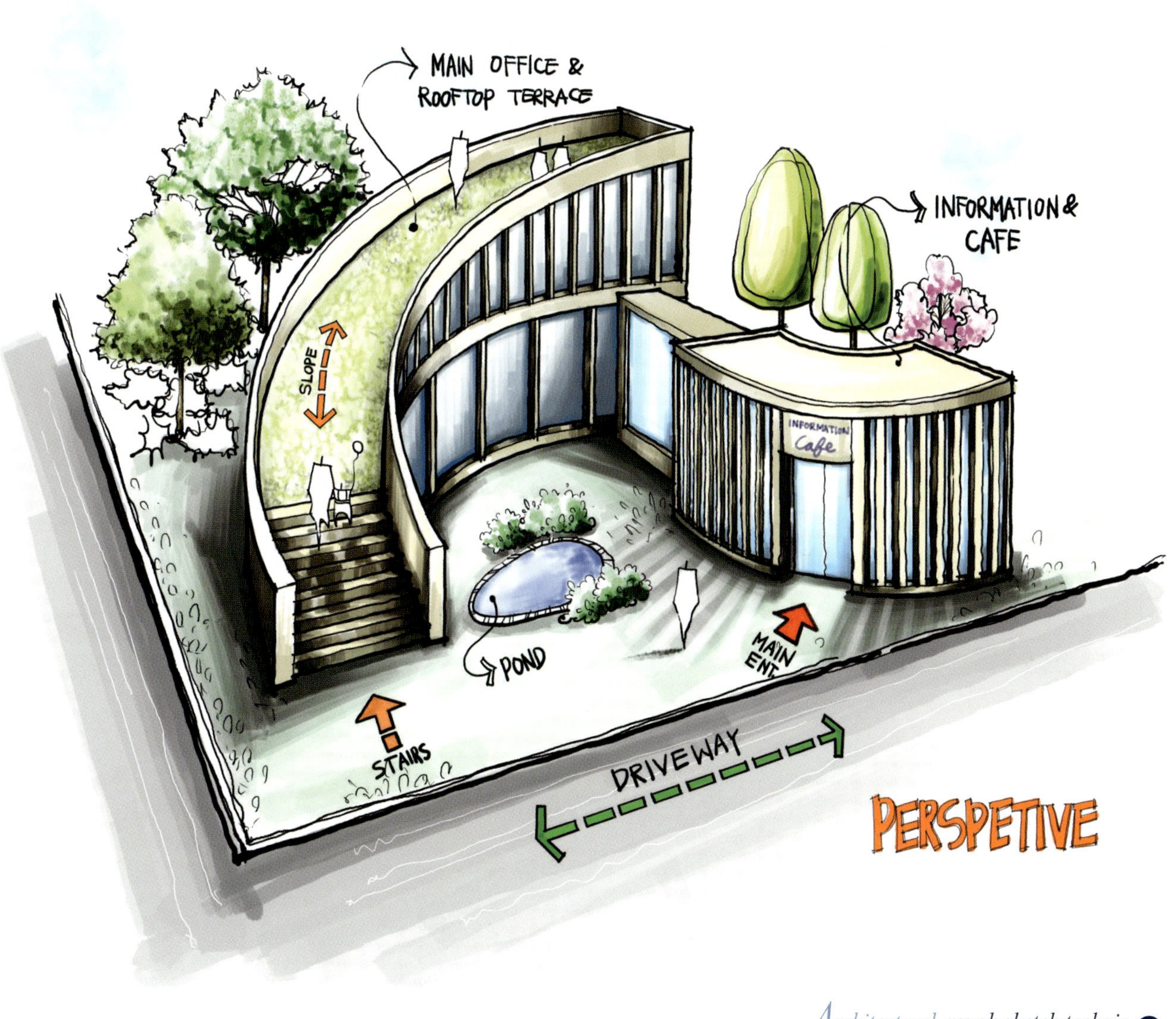

MAIN OFFICE &
ROOFTOP TERRACE
INFORMATION &
CAFE
SLOPE
INFORMATION
Cafe
POND
MAIN ENT.
STAIRS
DRIVEWAY

PERSPETIVE

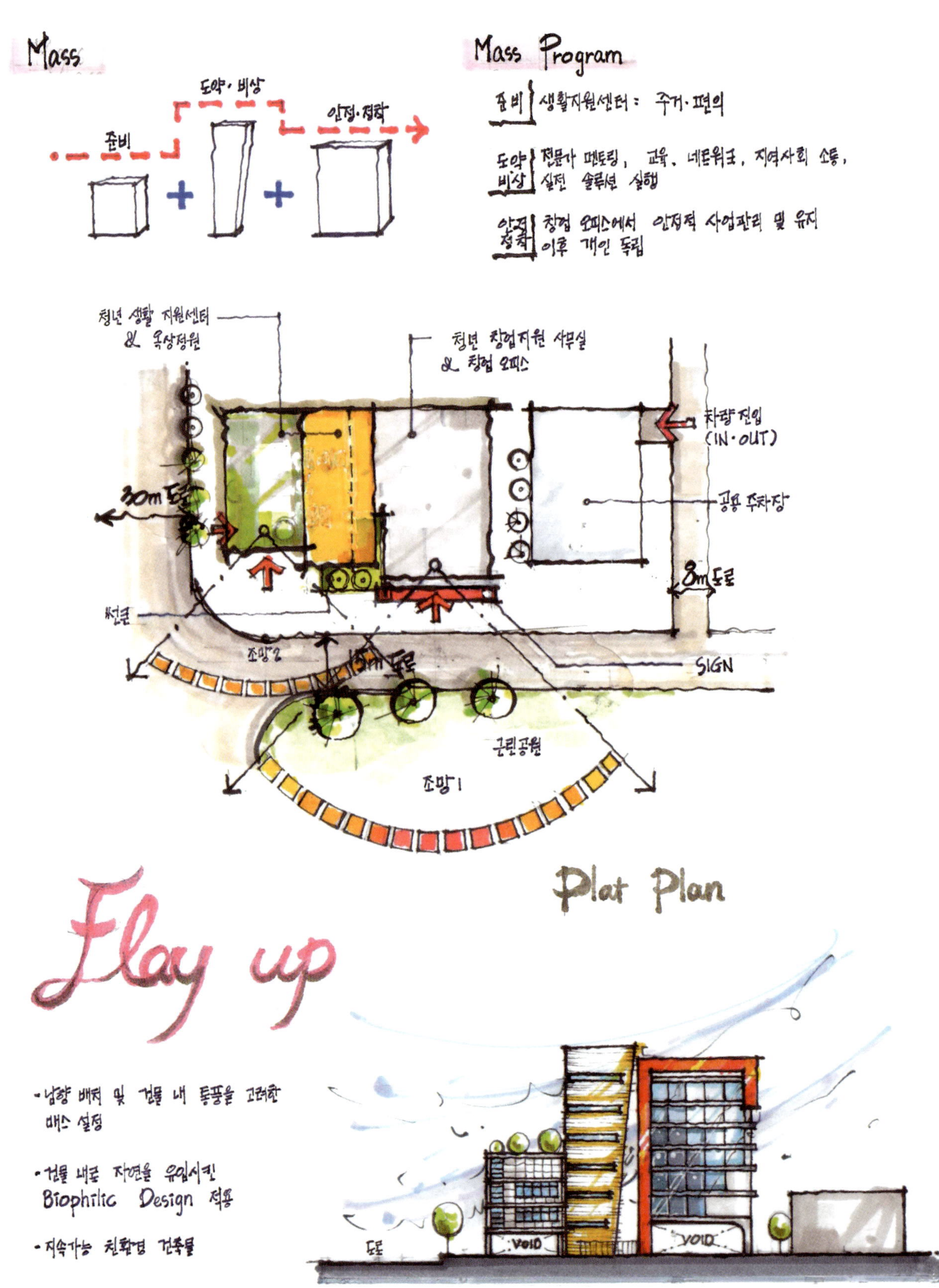
Mass
도약·비상
준비
안정·정착
Mass Program
준비 생활지원센터 = 주거·편의
도약 비상 전문가 멘토링, 교육, 네트워크, 지역사회 소통, 실전 솔루션 실행
안정 정착 창업 오피스에서 안정적 사업관리 및 유지 이후 개인 독립
청년 생활 지원센터 & 옥상정원
청년 창업지원 사무실 & 창업 오피스
차량 진입 (IN·OUT)
30m 도로
공용 주차장
8m 도로
선큰
조망2
15m 도로
SIGN
근린공원
조망1
Plat Plan
Flay up
·남향 배치 및 건물 내 통풍을 고려한 매스 설정
·건물 내로 자연을 유입시킨 Biophilic Design 적용
·지속가능 친환경 건축물
도로
VOID
VOID

Elevation

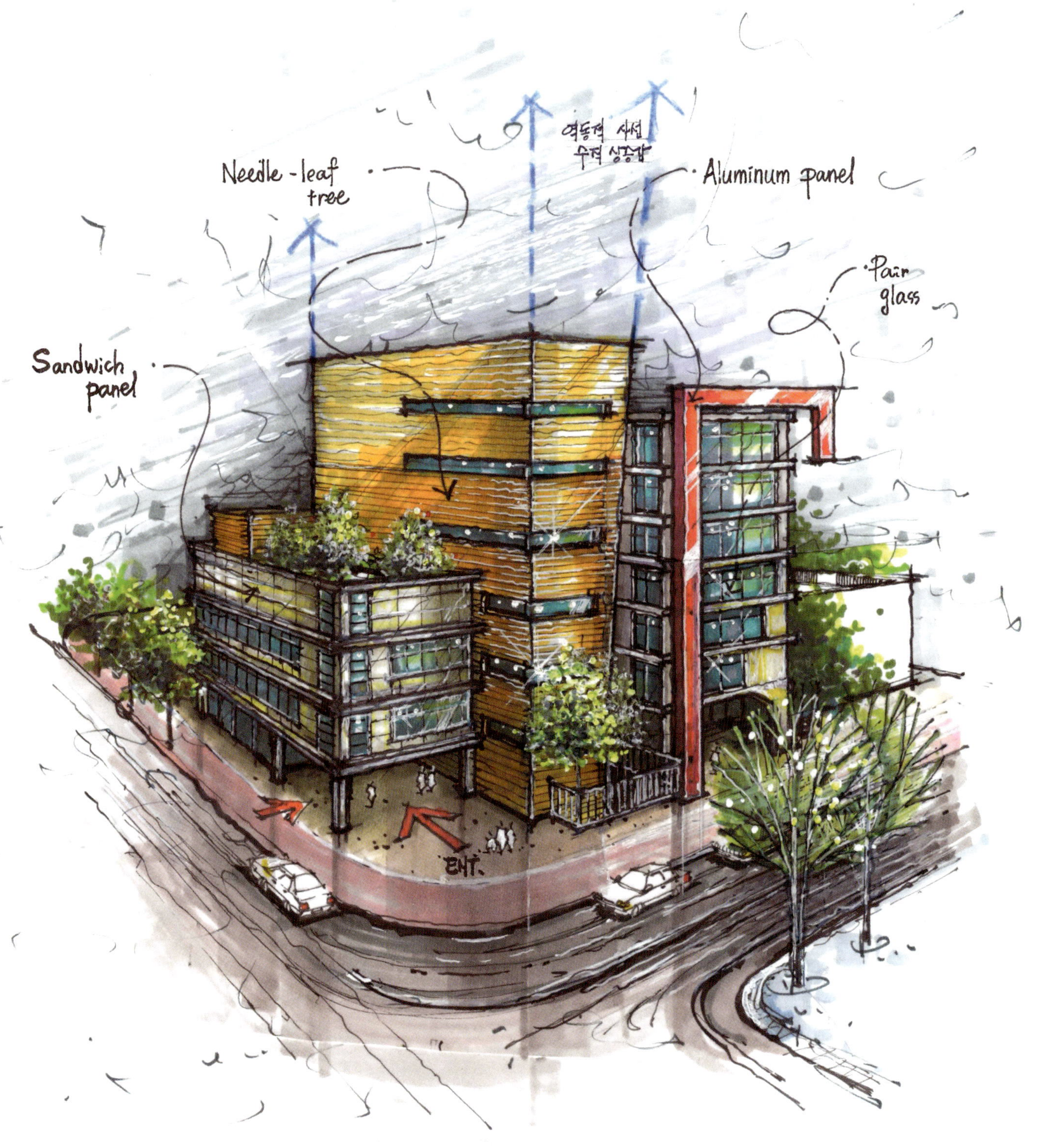

Perspective

03 업무시설

소나무 내음 **Pine Factory**

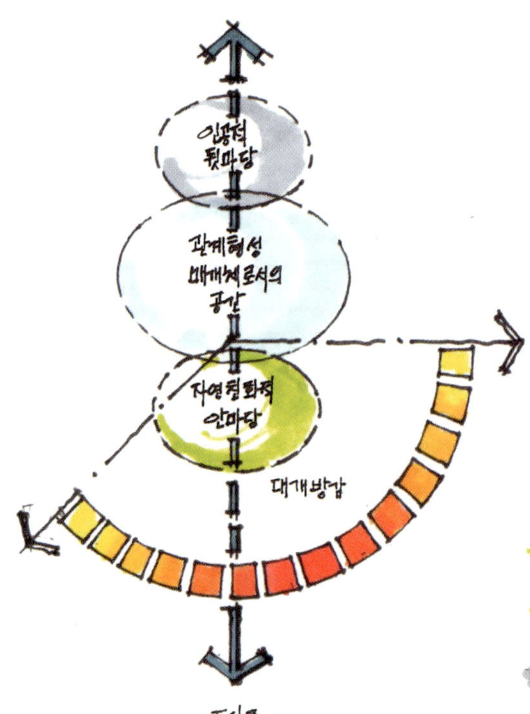

Concept

지형의 단차를 적극적으로 활용하여 자연의 인위적 훼손을 최소화하고, 공간을 매개로 앞마당과 뒷마당을 구분 설정 한다.
정면을 넓게 계획하여 무한한 정면의 대개방감을 유도하고 건물 내부로 흡수한다.
대지의 경사를 통한 친환경적 앞마당 유입으로 Biophilic Design을 실현한다.

Design Process

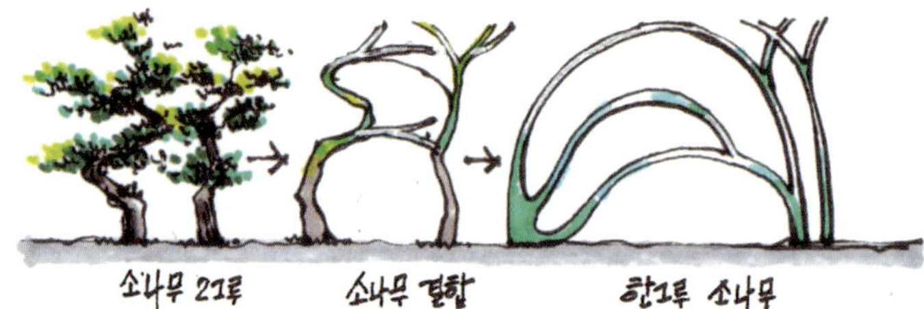

Site

도심 근교 새롭게 형성되는 테크노 단지이다.
부분적으로 지형의 단차가 있는데 약 건물 한개층 높이의 1/2이다. (≒2M)

Requirements

공유 1층 광장 (개방형)

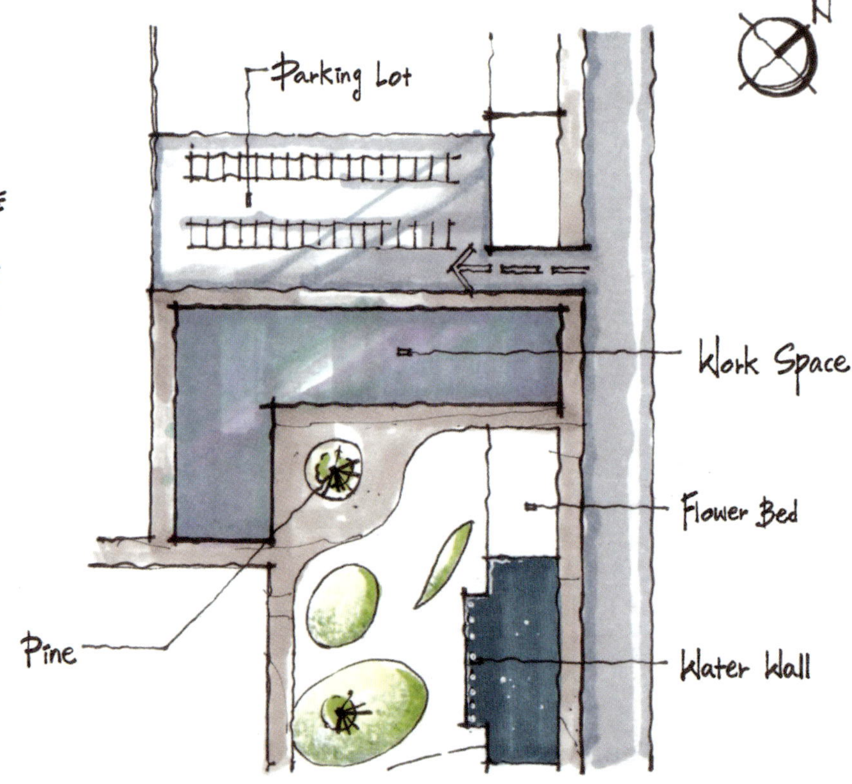

Plot Plan

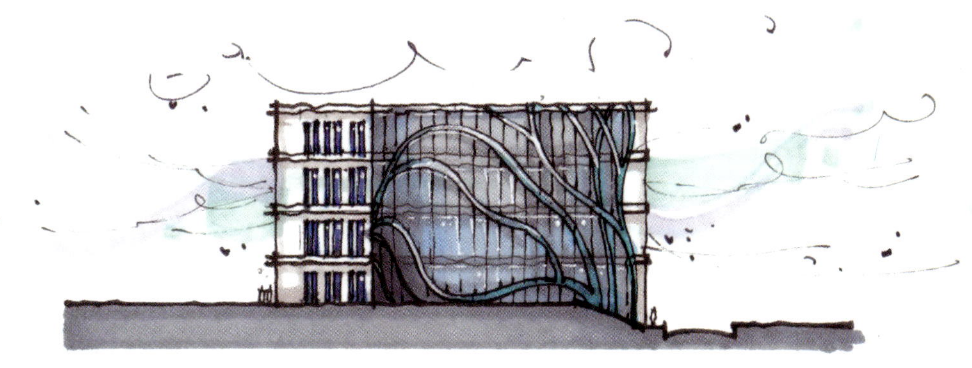

Front Facade

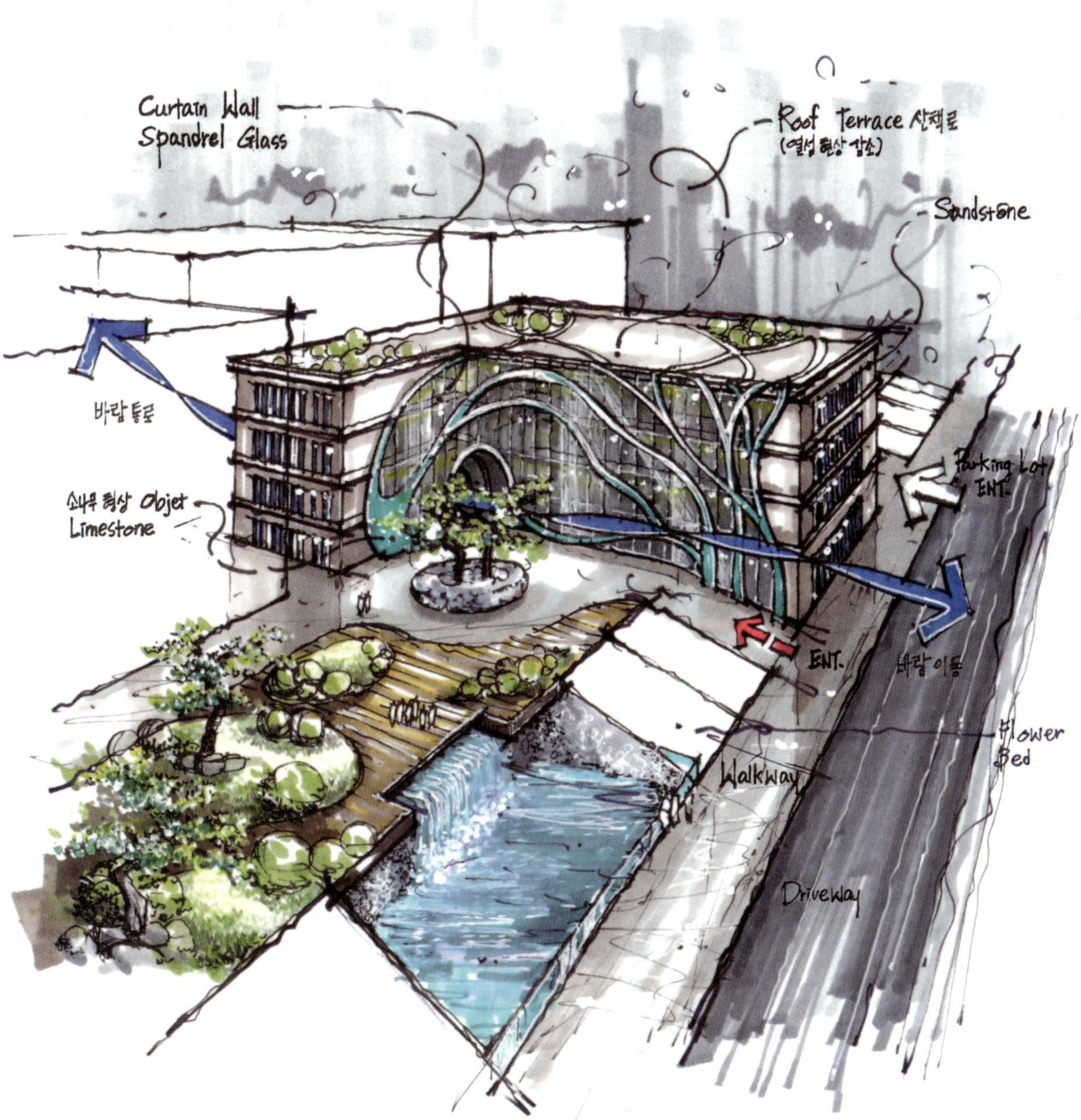

Curtain Wall
Spandrel Glass

Roof Terrace 산책로
(열섬 현상 감소)

Sandstone

바람 통로

소나무 형상 Objet
Limestone

Parking Lot
ENT.

ENT.

바람 이동

Flower
Bed

Walkway

Driveway

Perspective

Industrial complex에 위치한 업무와 생산이 원스톱으로 이루어지는 건물로서,
Accompanied growth를 위하여 능선을 따라 오르는 것을 모티브로 계획됨.

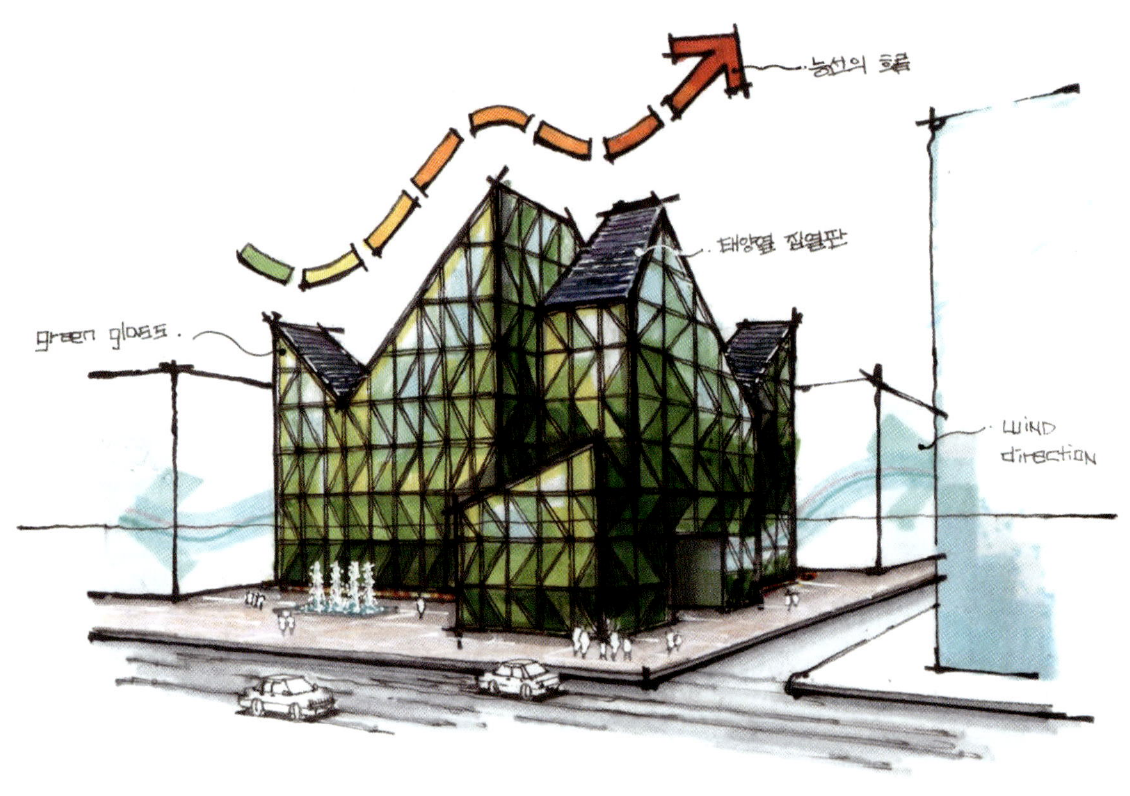

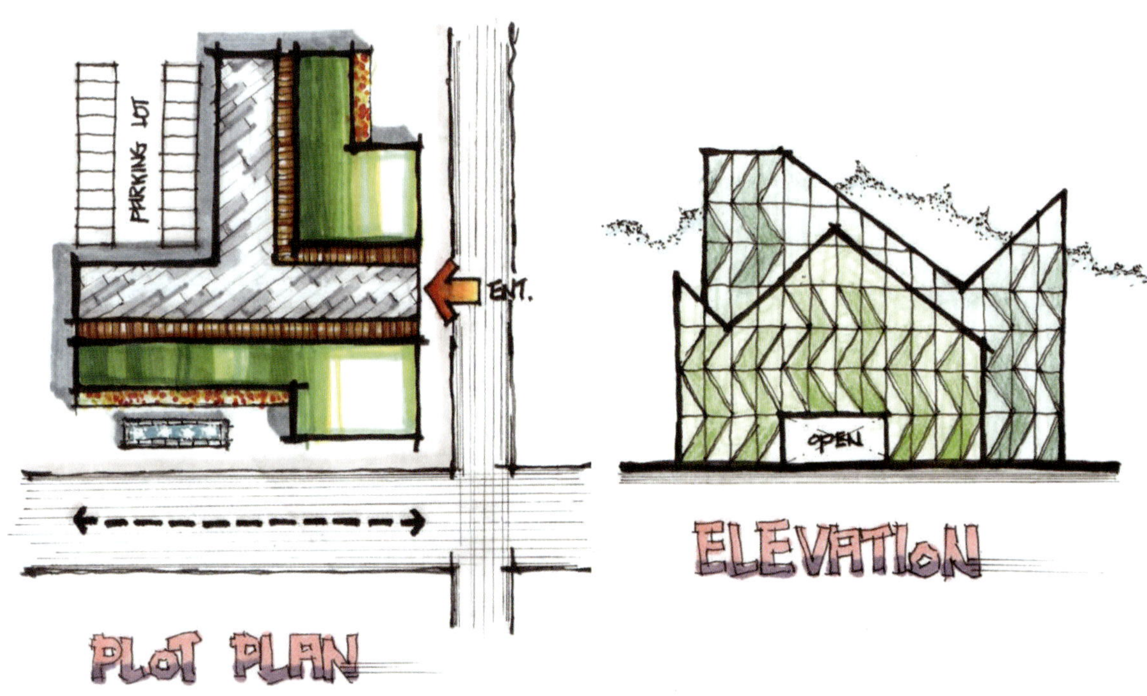

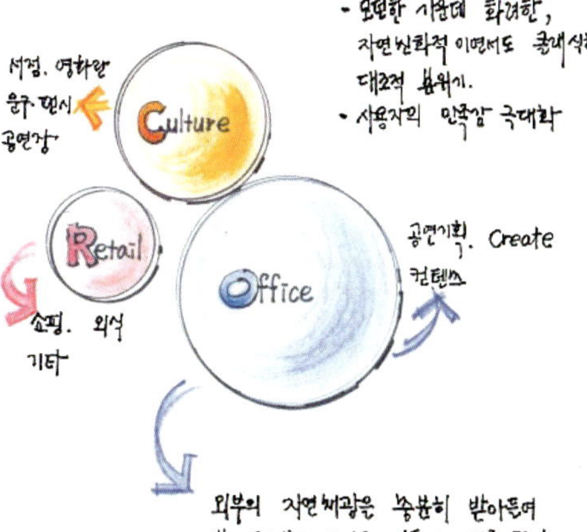

Mass Design Process

Step1. Laying on the site.

Step3. Variation.

Step2 Seperation.

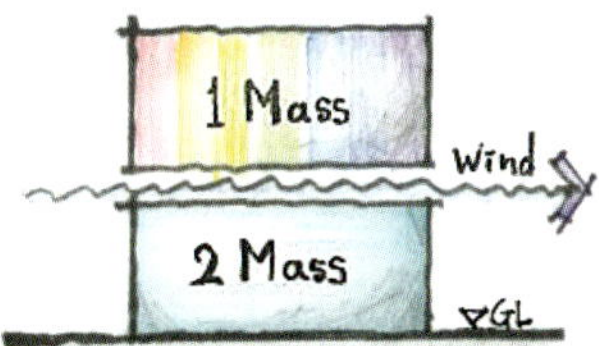

Step4. Signiture Identity

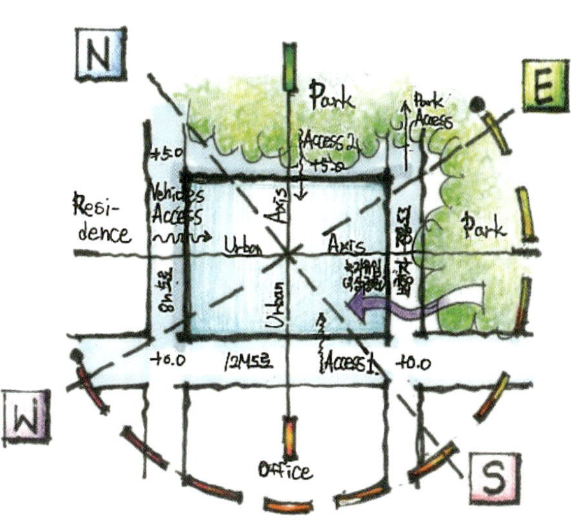

Site Analysis

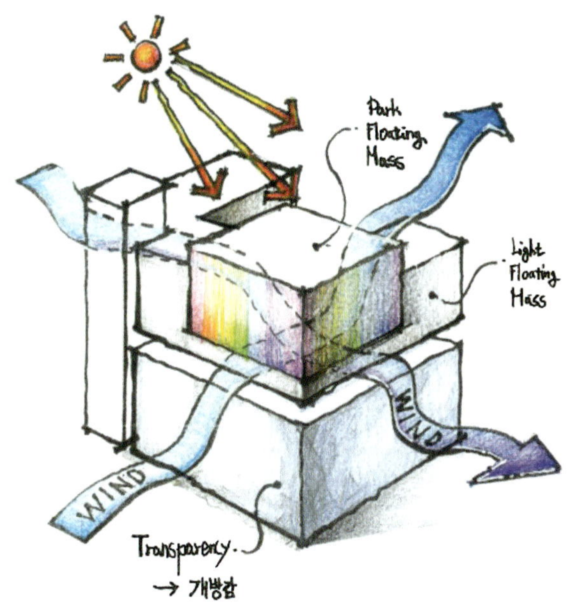

Conceptual Diagram

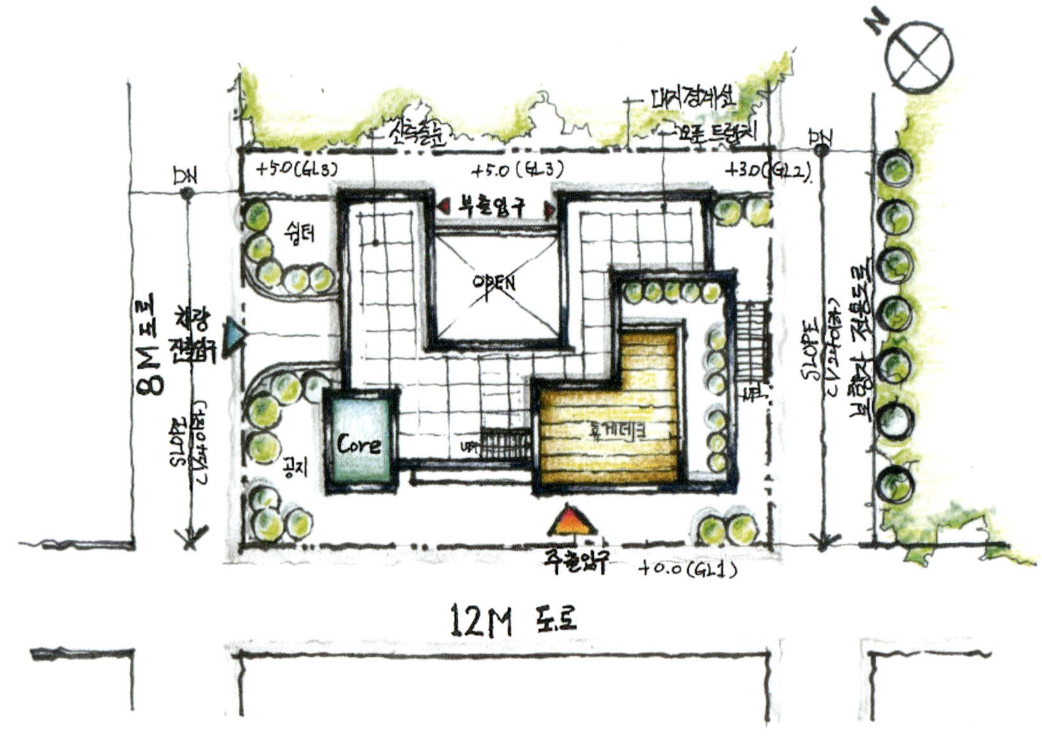

Plot Plan

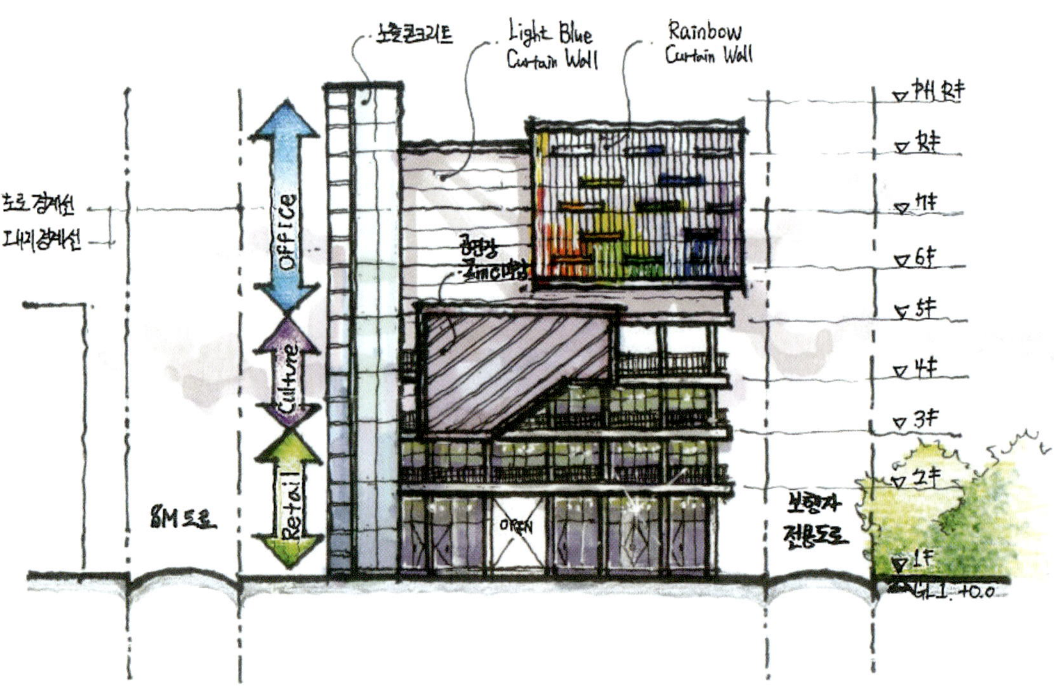

Front Facade (South)

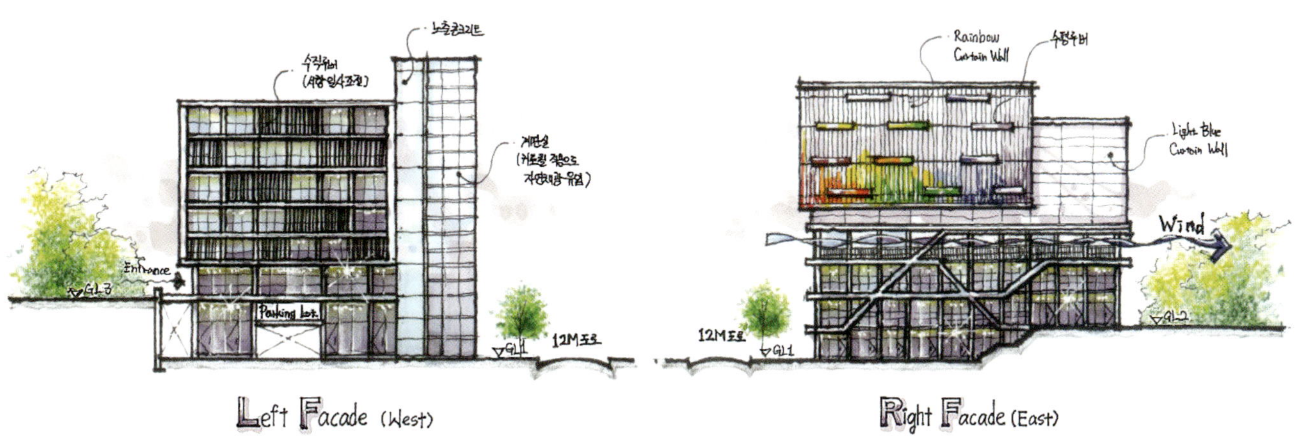

Left Facade (West)

Right Facade (East)

Perspective

·Shopping

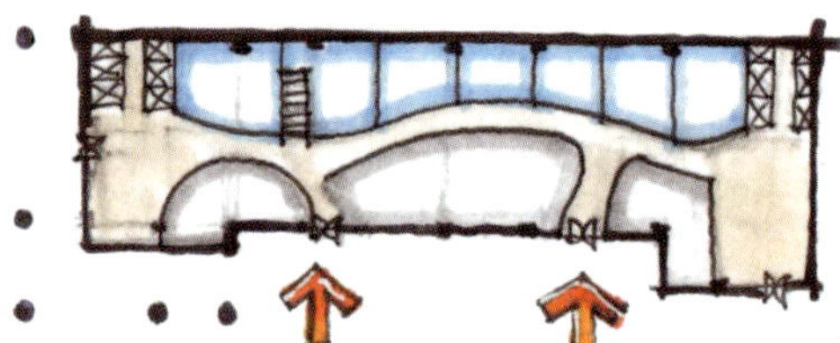

1st Floor

·Leisure
·Culture

2nd Floor

·Residence
·Business

3rd Floor~

Concept & Plan
「Life Plex」

- 트렌드와 문화를 삶에 플렉스 한다.
- 소비자의 흥미를 유발시키는 장치를 도입해 편안함과 즐거움을 제공하는 공간구성으로 쇼핑몰이 상품의 구매만을 위한 장소에서 구매를 즐길 수 있는 분위기 조성을 통한 새로운 경험을 할 수 있는 장소로 계획하였다.
- 상층부의 고객이 자연스럽게 저층부의 쇼핑몰로 유입되어 안정적인 집객 수요를 확보할 수 있도록 계획.
- 소비자가 지루하지 않게 다양한 컨셉으로 상공간 구성.

Site Plan

Front Facade

Sopping + Leisure + Culture + Residence + Business

LIFEPLEX (복합쇼핑몰)

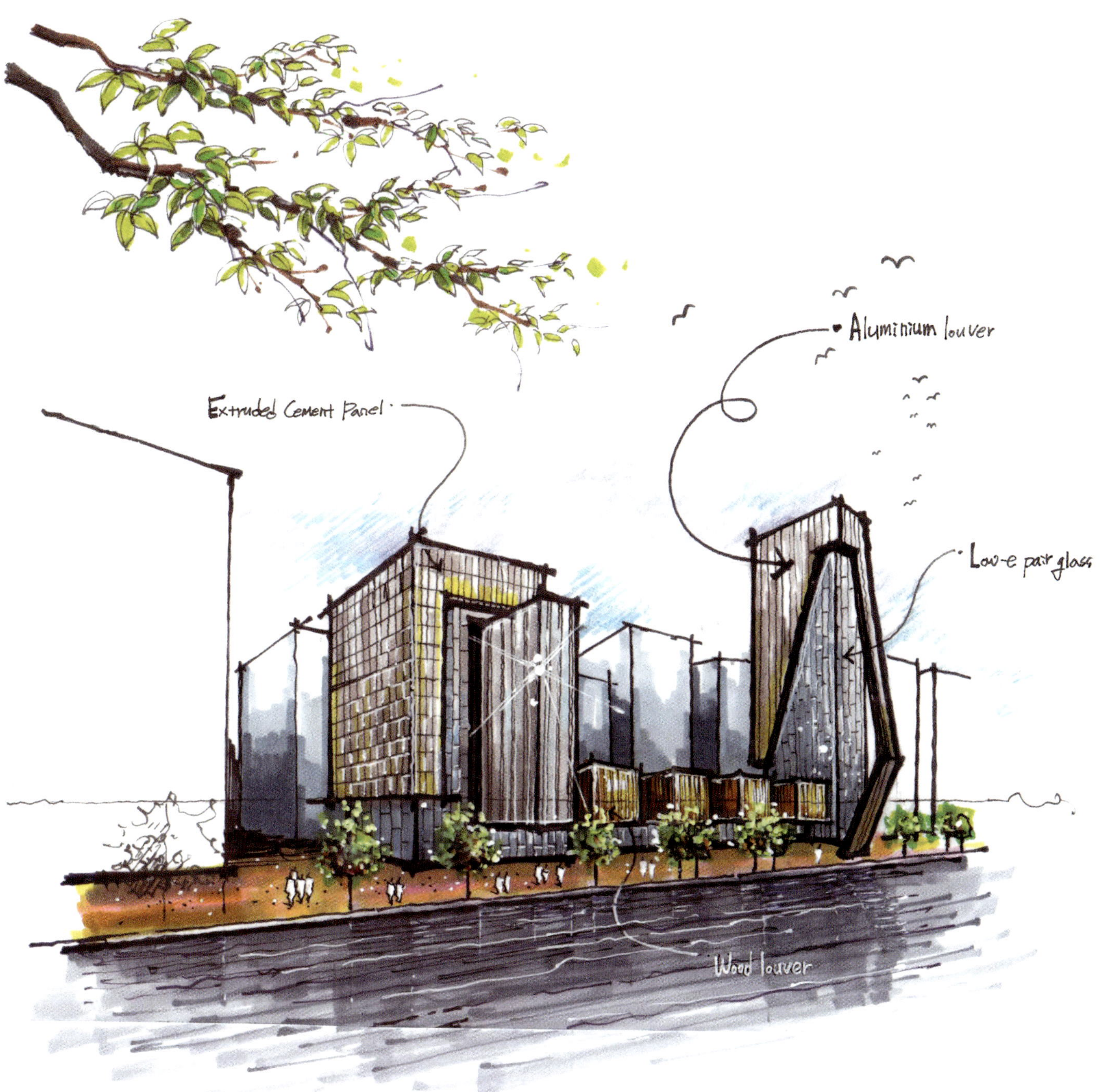

Perspective

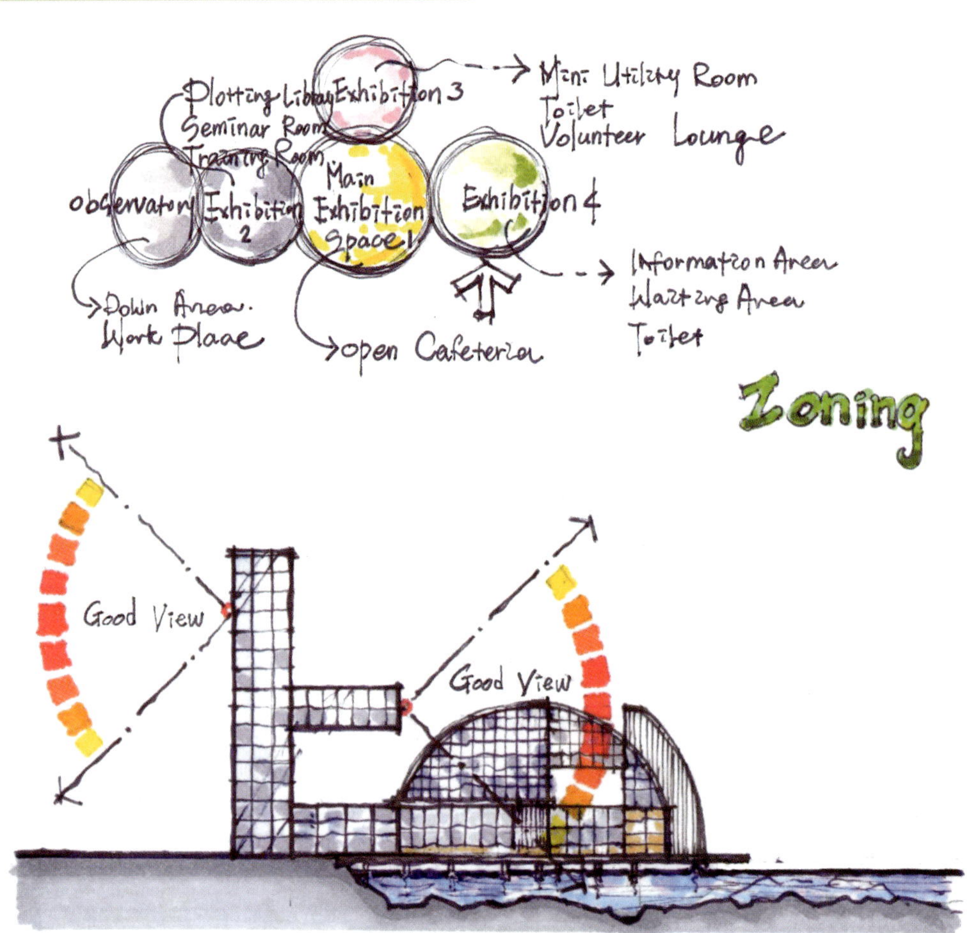

Front Facade

Plot Plan

Concept

- 지역을 잇고, 함께 공유하는 모두의 생태(자연) 전시관
- 자연생태로 소통하고 교감하는 참여 전시관 실현
- 지역 협력적 네트워크 구축과 자연생태 지킴이 역할 확대

(수변공원 내 자연생태 전시관)

Plan
(Transperency)

- 내-외부 시각적 연결
- 외부 공간의 자연스러운 유입
- 시각적 개방감

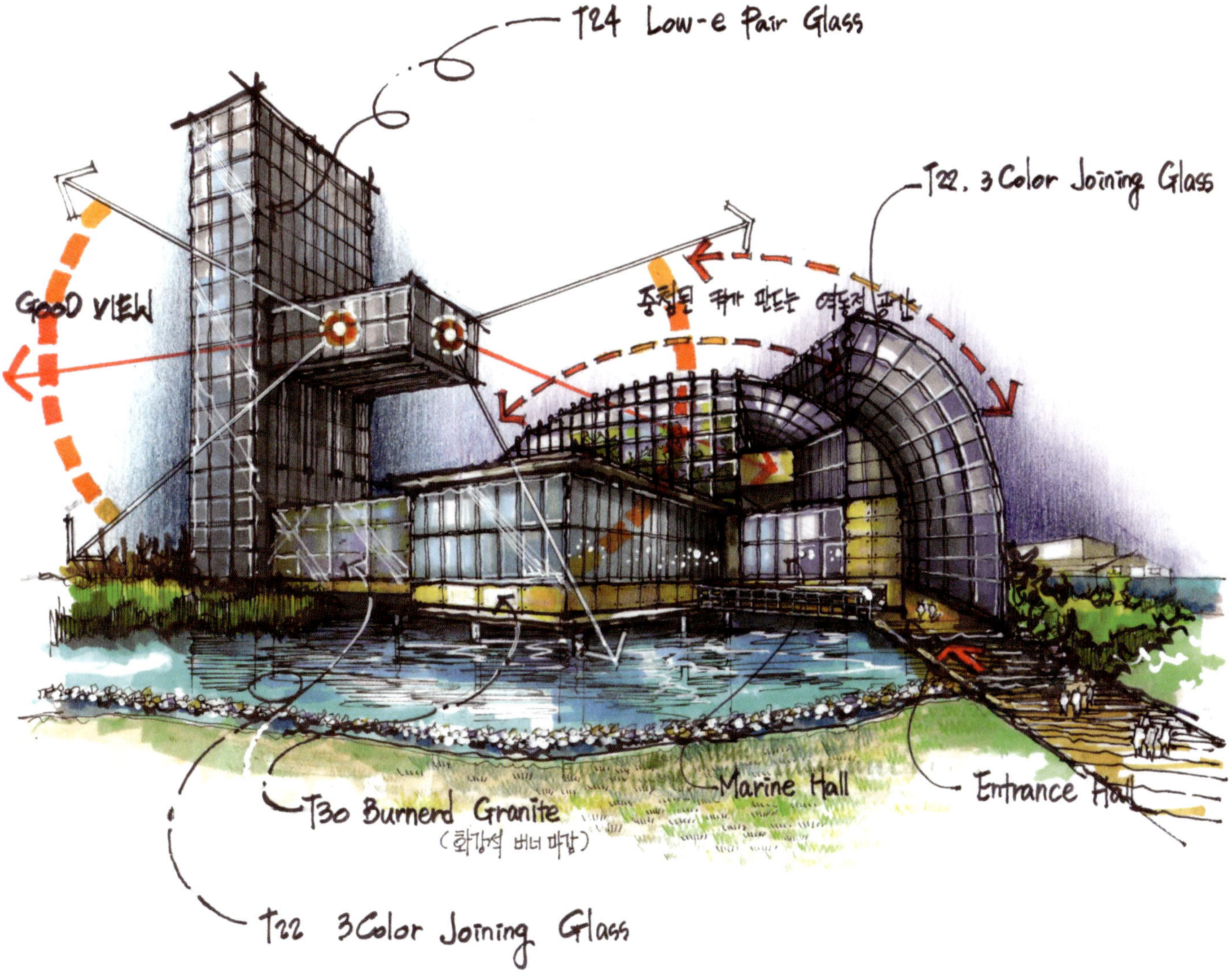

T24 Low-e Pair Glass

T22. 3 Color Joining Glass

GOOD VIEW

중첩된 공간이 만드는 역동적 공간

Marine Hall

Entrance Hall

T30 Burnerd Granite
(화강석 버너 마감)

T22 3Color Joining Glass

Perspective

자연광과 공기를 전시공간에 전적으로 유입하여 관람객들이 햇빛과 공기가 풍부한 유리시설에서 4개의 전시공간 풍경을 감상할 수 있다. 전시실 밖으로는 입구홀, 관찰 플랫폼(전망대), 오픈 테라스 등과 같은 공간이 있어 관람객들이 수변과 하늘을 내다본 뒤 지켜야 할 자연생태를 실감할 수 있다.

Concept

바람이 분다.

건물 전체적인 이미지가 마치 소용돌이 치는 바람이 연상되도록 계획하였다. 이로써 주변의 인위적이며 획일화된 디자인이 아니라 주변 경관과 자연스럽게 조화되고, 친근하고 호기심을 유도할 수 있는 새로운 형태의 유니크한 건축물이 될 수 있도록 계획하였다.

또한, 잠재력 있는 신진 예술가들을 발굴하고 그들의 성장을 돕는 공간으로 역할을 다하면서 예술계의 신선하고 청량한, 긍정적 기운을 가득 담은 바람을 일으키는 전시공간이 될 수 있도록 염원해 본다.

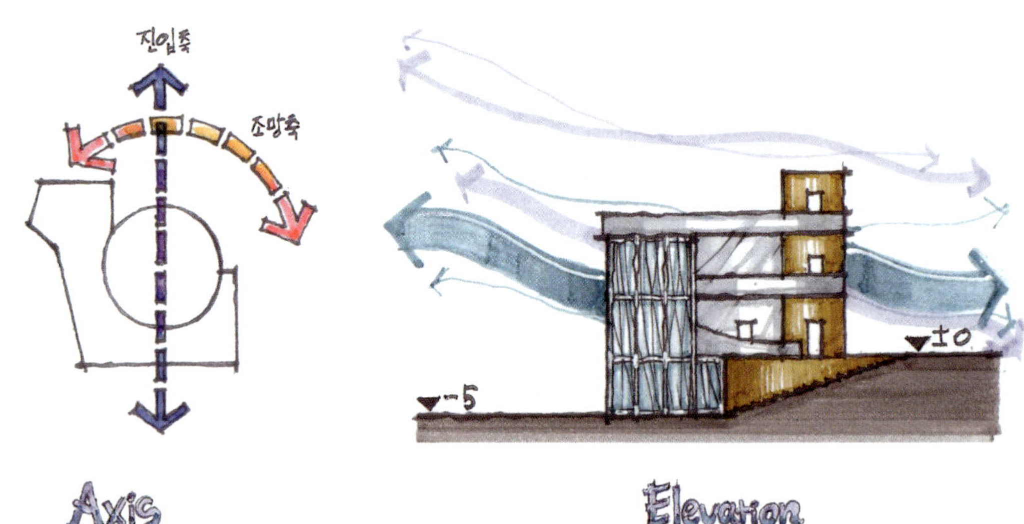

Axis　　　Elevation

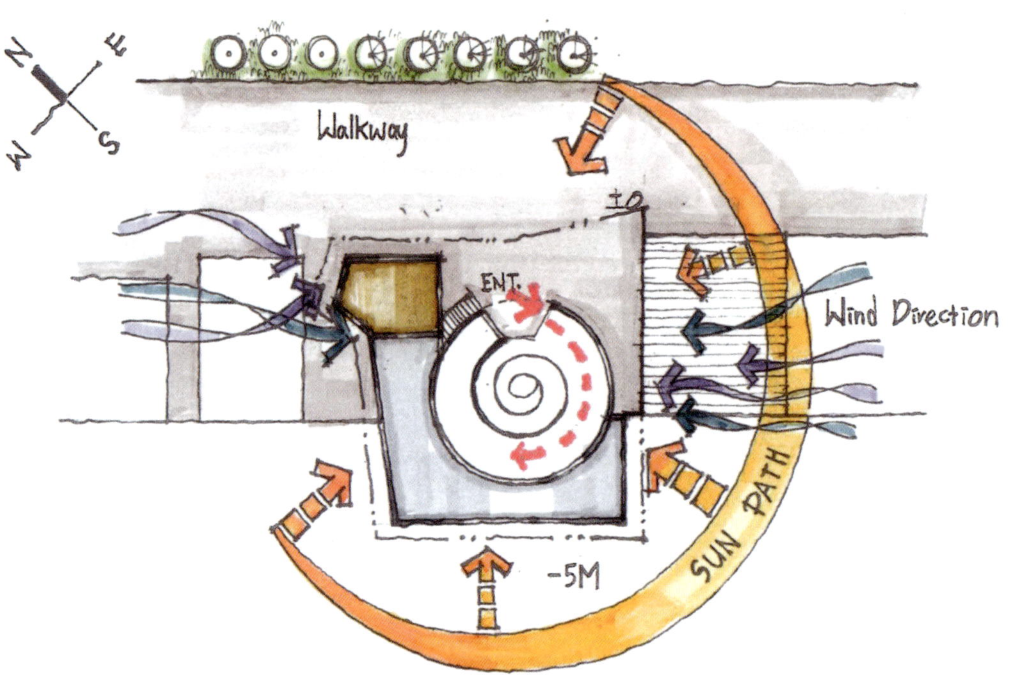

Site Plan

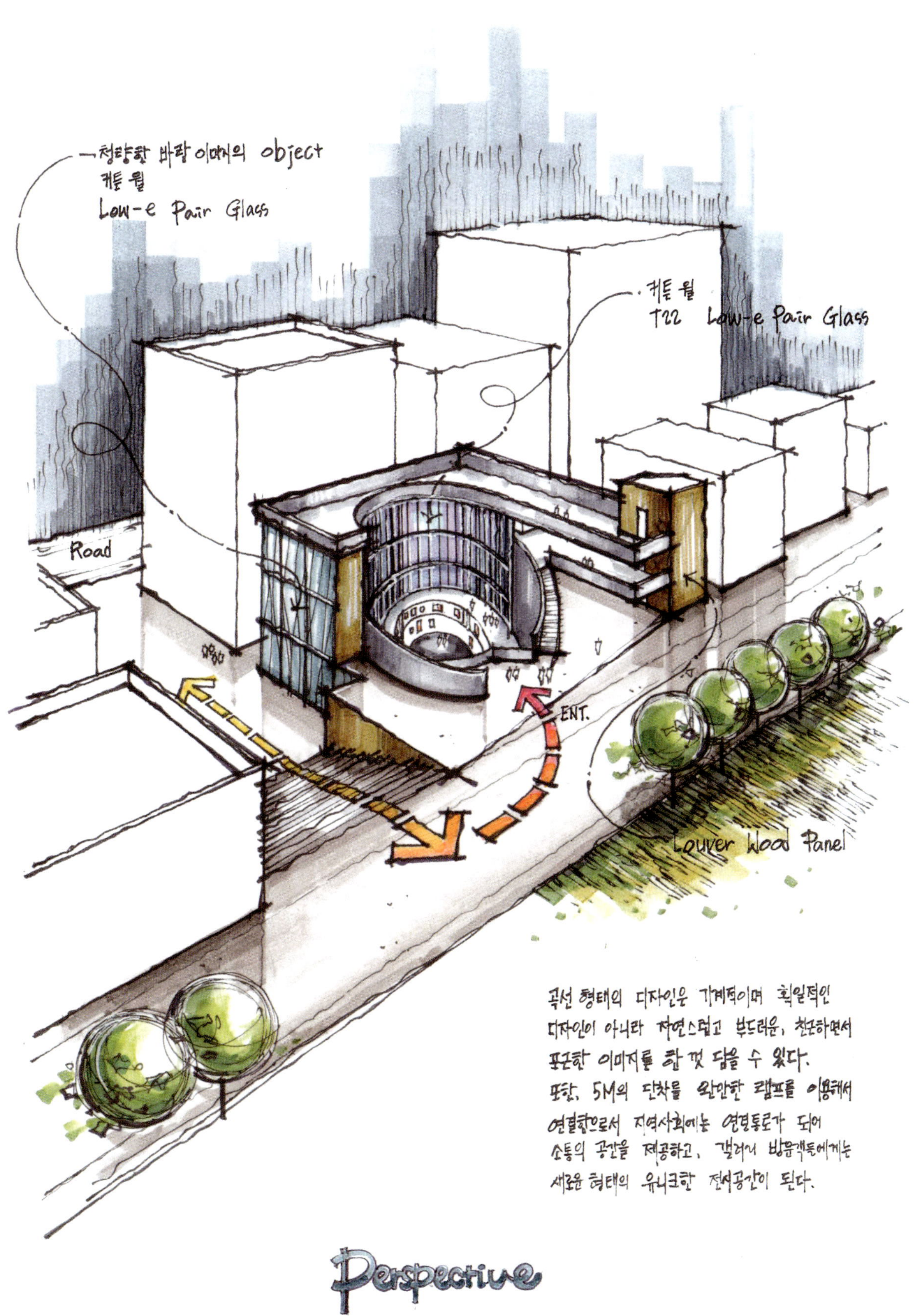
청량한 바람 이미지의 object
커튼 월
Low-e Pair Glass
커튼 월
T22 Low-e Pair Glass
Road
ENT.
Louver Wood Panel
곡선 형태의 디자인은 기계적이며 획일적인
디자인이 아니라 자연스럽고 부드러운, 친근하면서
포근한 이미지를 한 껏 담을 수 있다.
또한, 5M의 단차를 완만한 램프를 이용해서
연결함으로서 지역사회에는 연결통로가 되어
소통의 공간을 제공하고, 갤러리 방문객들에게는
새로운 형태의 유니크한 전시공간이 된다.
Perspective

Background

신도시 계획단지 내에 위치한 아파트 단지 안의 복합문화공간설계 계획단지로 인해 삭막해진 아파트 단지 내 녹지공간을 조성하여 주민들이 산책할 수 있는 평면설계. 더불어 아이들이 오르내릴 수 있는 동적인 길을 문화시설과 연결하여 다양한 체험을 경험할 수 있도록 하였다.

Concept

외부에서 선큰과 램프를 통해 유입되어 원형동선을 따라 자연스럽게 내·외부 문화 공간을 경험할 수 있도록 하였다.

①Up & Down
이동 통로의 up. down을 통해 계획단지의 삭막함을 완화시키도록 하였다.

②Connection
다양한 길 끝에 Cafe, Gallery 연결.

③Community
원형길이 주민들의 문화공간 뿐만 아닌 주민들의 유니크한 산책코스로 활용되어 만족도 향상.

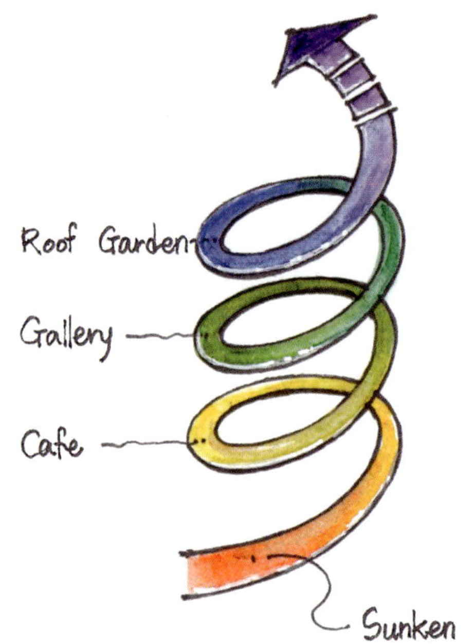

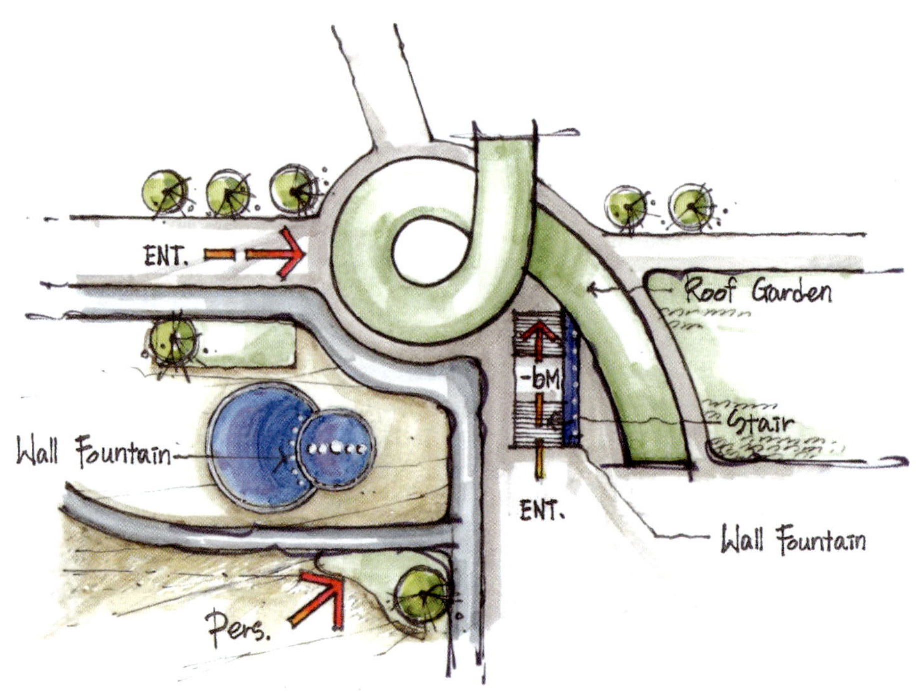

Plot Plan

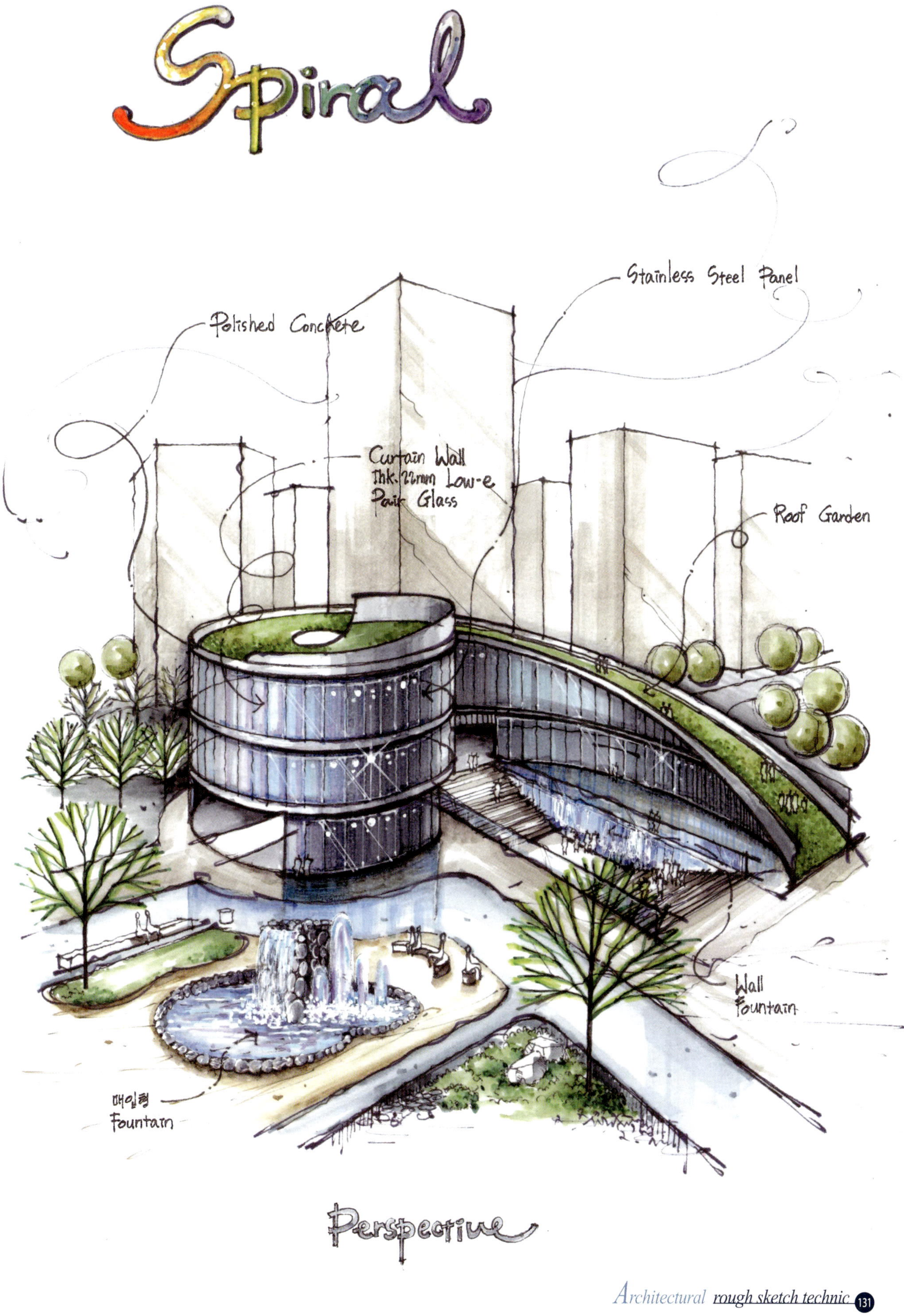

Spiral

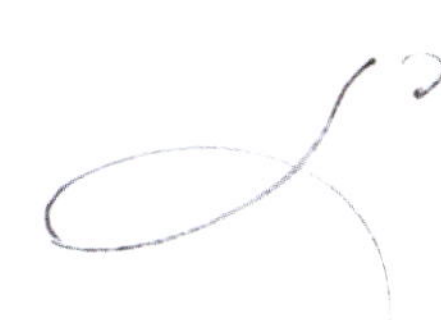

Polished Concrete

Stainless Steel Panel

Curtain Wall
Thk.22mm Low-e
Pair Glass

Roof Garden

Wall
Fountain

매입형
Fountain

Perspective

동글음

동글동글 동그라미의 「동글음」

동그라미의 의미는 생명의 시작, 씨앗, 근본적인 것, 시작과 끝, 유한과 무한을 나타내고 있다. 또한, 끊임없이 회전하는 것, 자연의 순환, 지속가능한 모든 것, 지속 가능 건축물 등의 의미도 내포하고 있다. 동그라미는 모가 나지 않아서 유한, 부드러운 친근감을 어필하고 주변의 다른 요소와 조화롭게 어울릴 수 있는 화합의 도형이라 할 수 있다.

차가운 도심 중앙 아스팔트와 콘크리트의 무게감을 잊게 하고 동그라미의 부드러움으로 도시적인 긴장감을 잠시 잊고 주변의 경관과 조화롭게 어울릴 수 있는 지속 가능한 녹색 건축물을 제안해 보다.

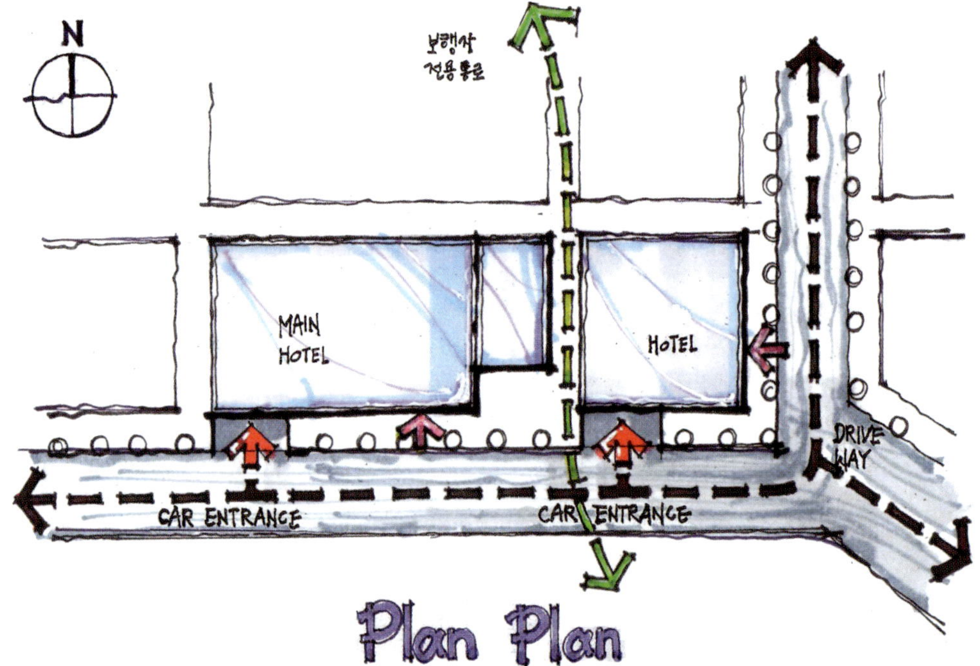

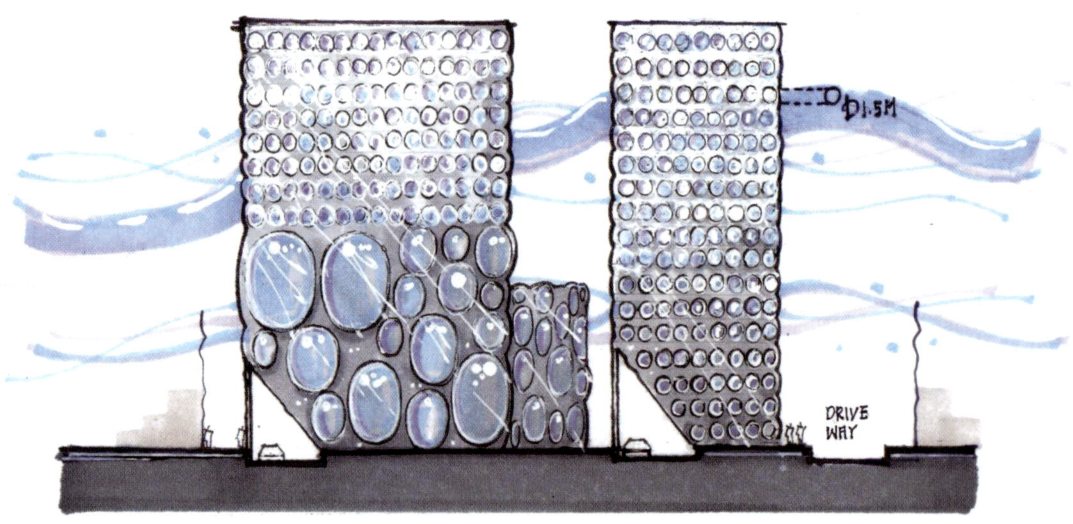

Front Facade (South)

INDOOR GARDEN

밖과 안은 이분법적인 상태가 아니라 통합된 상황이다.
둥근 동글음의 조합이 오브젝트의 효과를 의도한 것으로
비칠 수도 있으나 원경과 근경의 변화를 만들어 내기 위한
요소로 삼은 것이다.
또한 BIO PHILIC DESIGN을 추구하는 녹색 건축으로서
INDOOR GARDEN을 설계 계획 한다.

덜어낸 부드러움으로 도시적인 긴장감을 푸는 것이
원경이라면 「동글음」의 상세가 이루는 다양한
표정은 도시의 단조로움을 깨우는 근경이 된다.

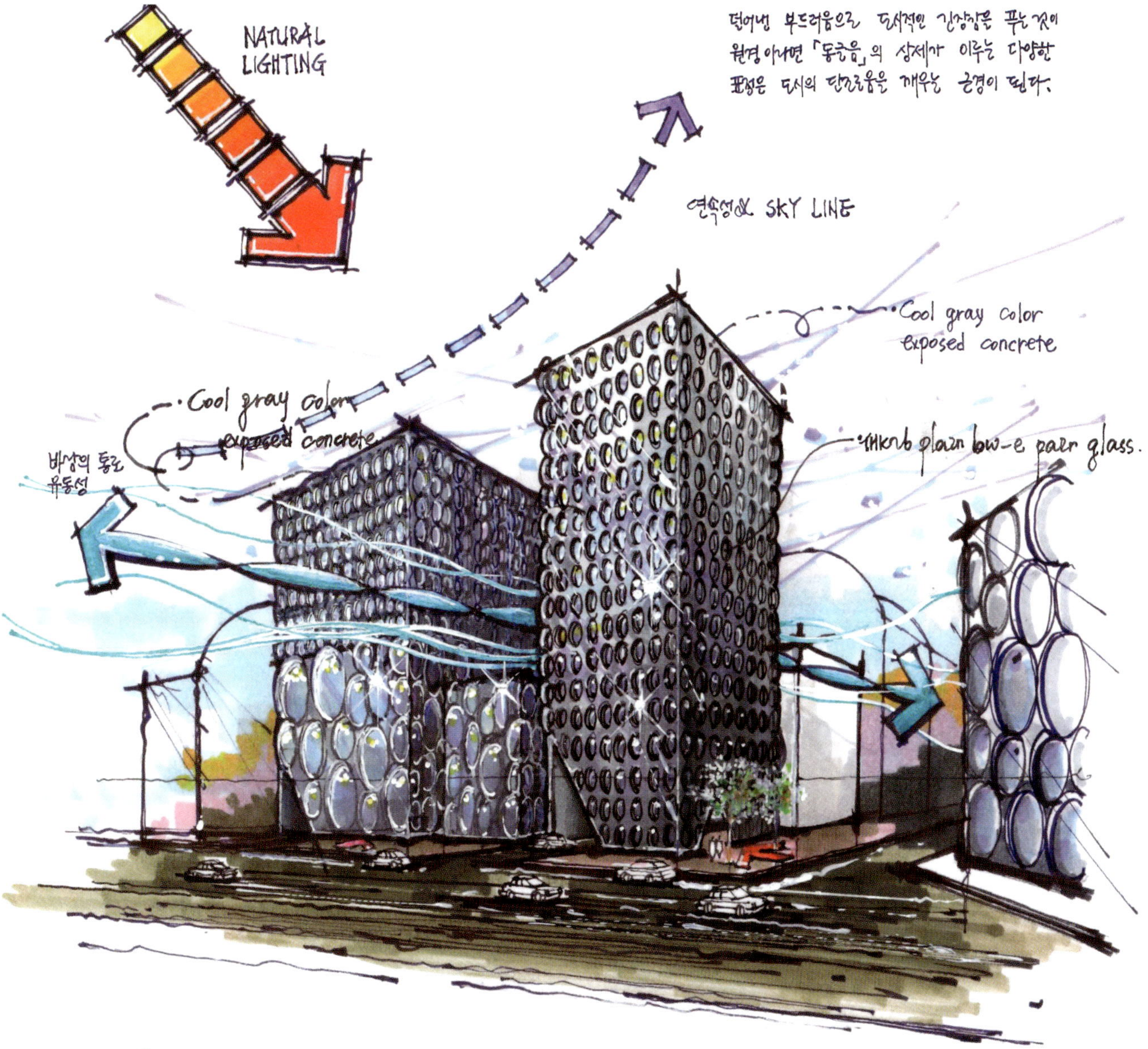

NATURAL LIGHTING

연속성 & SKY LINE

Cool gray color exposed concrete

Cool gray color exposed concrete

Perspective

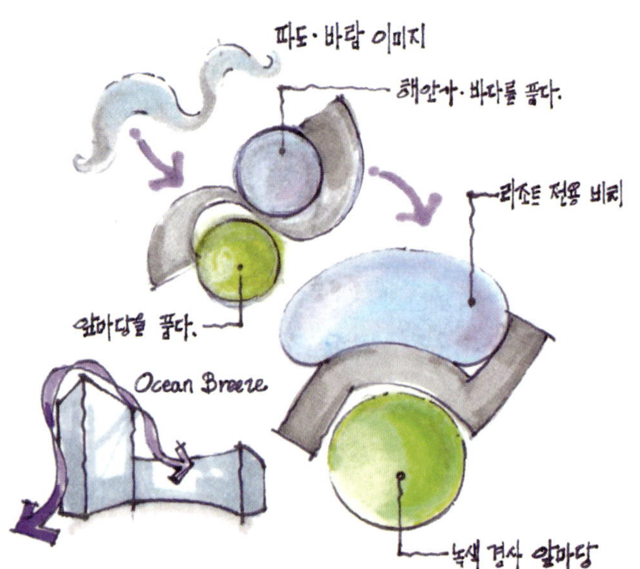

Mass Design Process

해안 지대를 배경으로 2개의 Mass를 해안가의 파도, 바다 바람의 이미지를 형상화하여 「Ocean Breeze」라 명명하여 이 지역의 상징이 되도록 계획하였다. 뛰어난 자연환경을 바탕으로 다양한 조망과 경사지를 활용하여 리조트의 모든 것을 즐길 수 있는 부대 시설과 프라이빗 비치 등을 계획하여 타 리조트와의 차별화를 유도하였다.

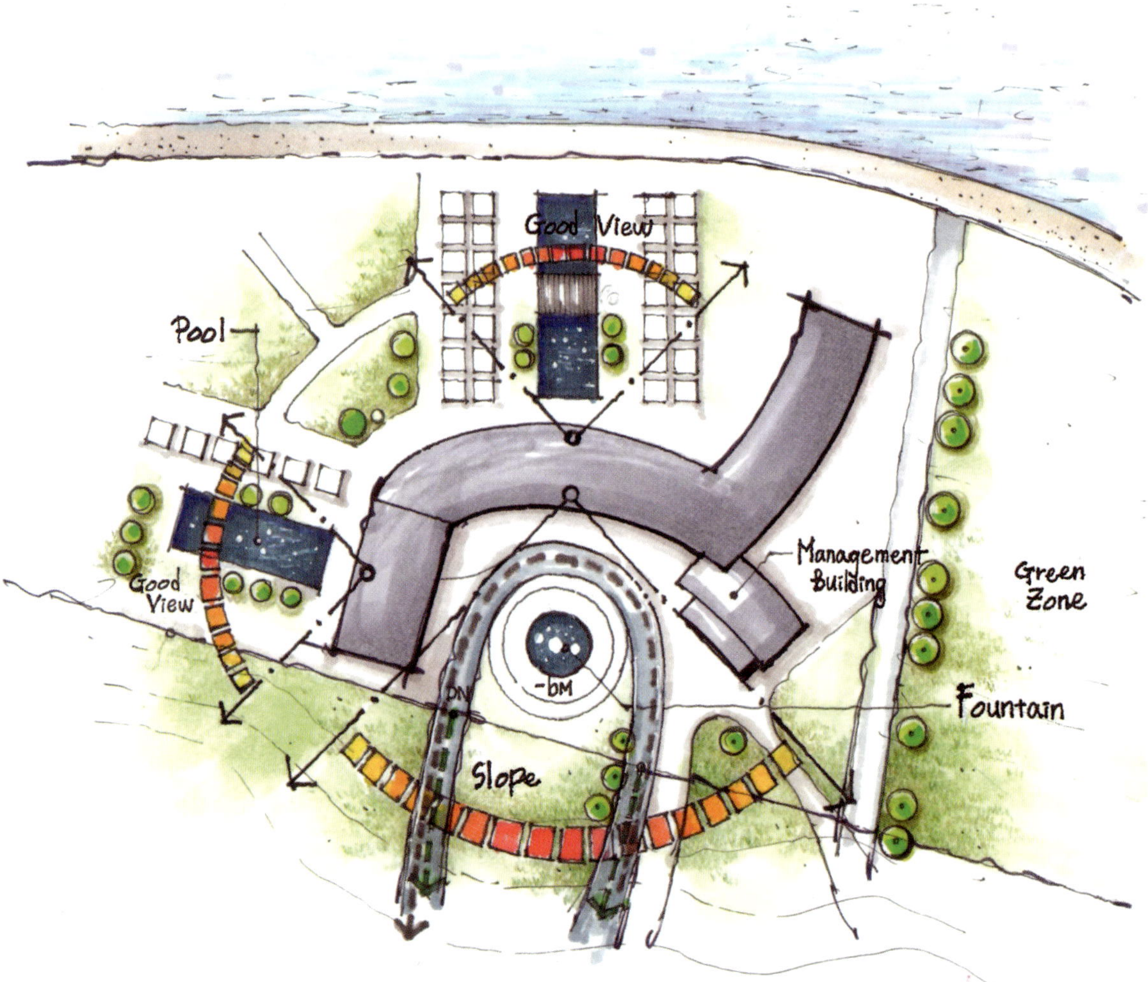

Good View

Pool

Good View

Management Building

Green Zone

-6M

DN

Fountain

Slope

Plot Plan

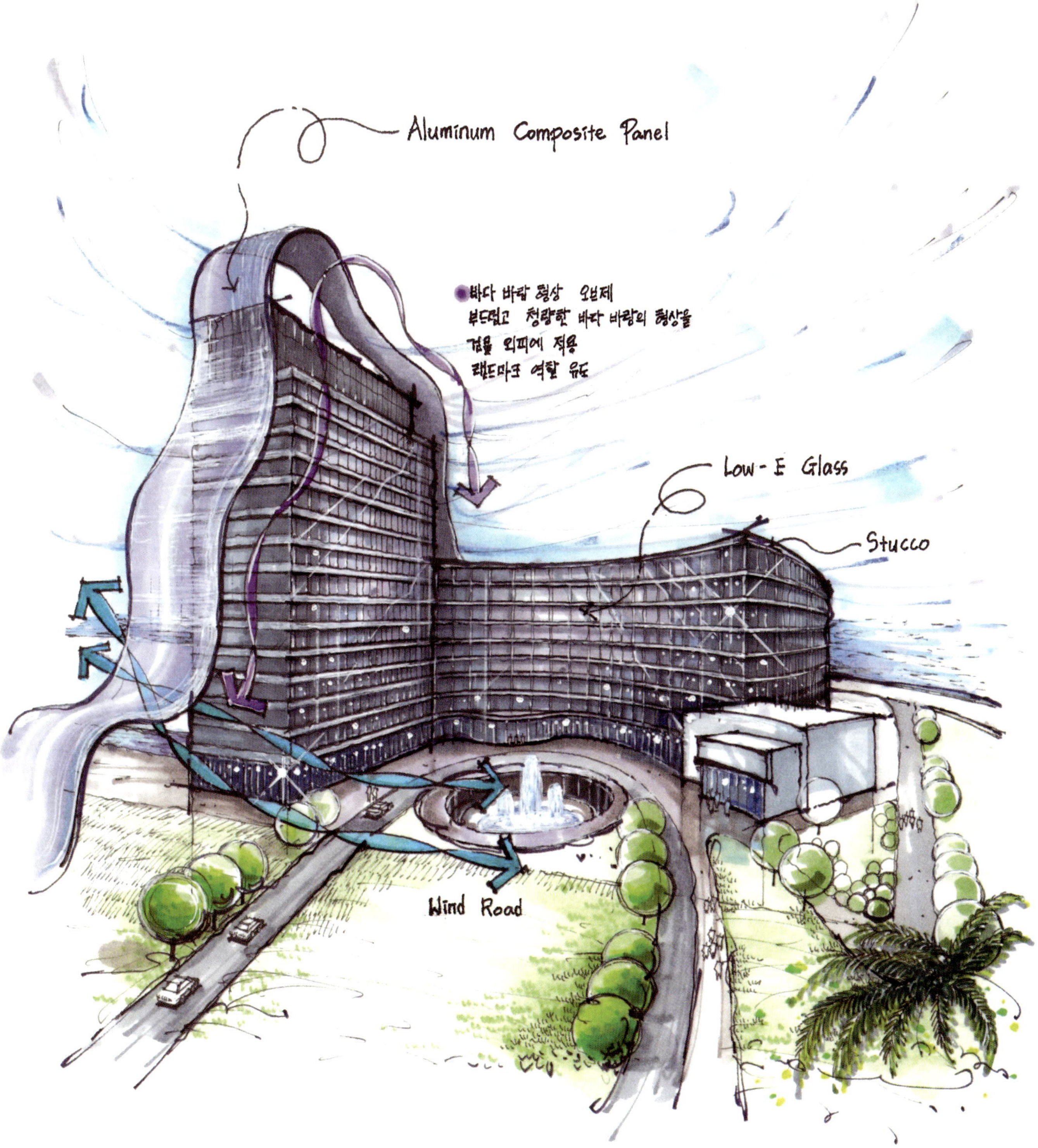
Aluminum Composite Panel
●바다 바람 형상 오브제
부드럽고 청량한 바다 바람의 형상을
건물 외피에 적용
랜드마크 역할 유도
Low-E Glass
Stucco
Wind Road

Perspective

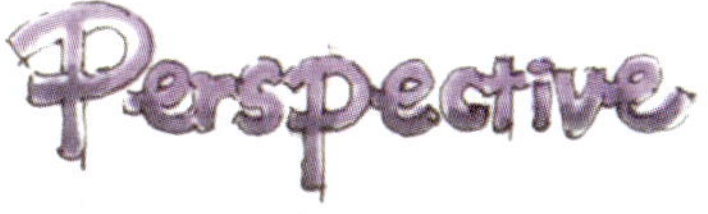

Concept

이용자에게 능률적인 사무공간 및 연구공간 제공함과 진취적이고 미래지향적인 비전이 반영된 최첨단 태양광 에너지 연구소를 설계하는 것이 주요 목적이다.
북측으로는 산이 둘러 쌓여 있고 남쪽으로는 강과 도시가 형성되어 있어 도시와 자연의 조망이 가능하다.
대지 외부에서 건물로 이어지는 진입데크는 보행자들이 편안하게 접근할 수 있게 하는 동시에 자연을 건물 내부로 적극적으로 유입한다. (Biophilic Design)

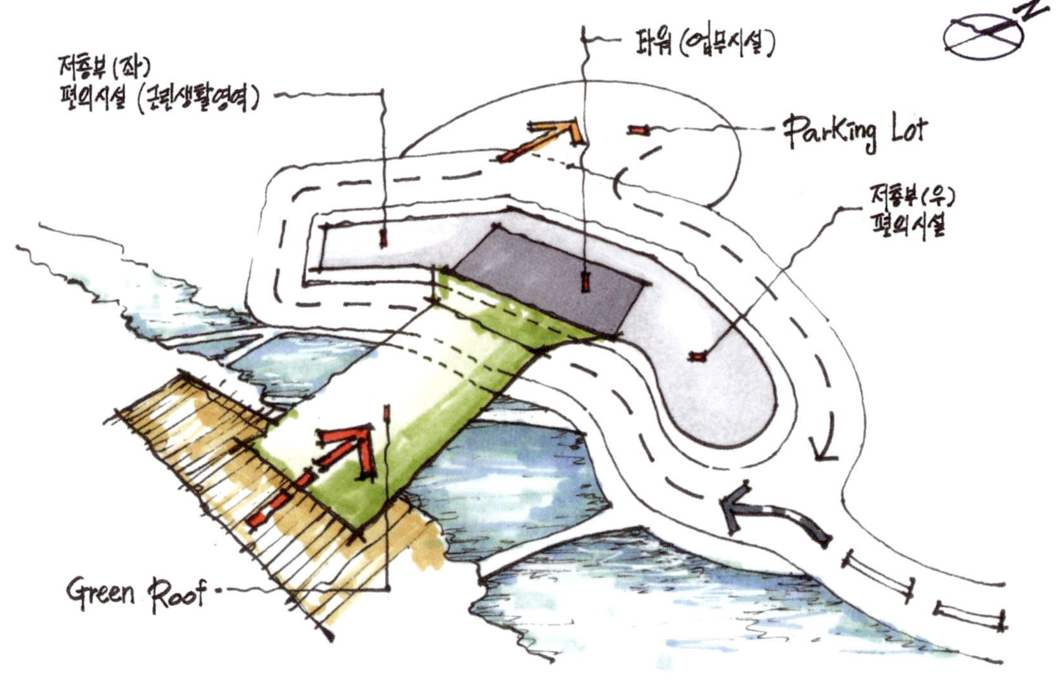

Plot Plan

참고, 석유공사
현상공모 당선작

Perspective

좀 더 여유롭고 즐거운 느낌으로
좀 더 느리고 한가로운 걷기

당신은 산책을 하고 있나요?
산책이라는 단어가 주는 느낌은 4월의 햇살처럼 산뜻하다.
산책은 무기력함과의 싸움이 될 수도 있고, 쓸데없는 생각 정리의 수단, 지루하고 반복되는 일상의 탈출구, 거기서 또 새로운 힘을 얻기도 한다. 영감의 원천이기도 했고, 우리 주변을 새로운 시각으로 바라보게 되는 계기가 되기도 한다.
일상의 곳곳에서 틈날 때 마다 산책을 해 보는 건 어떨까?
틈을 내 보자! 그 틈으로 햇살이 들이칠 수 있게

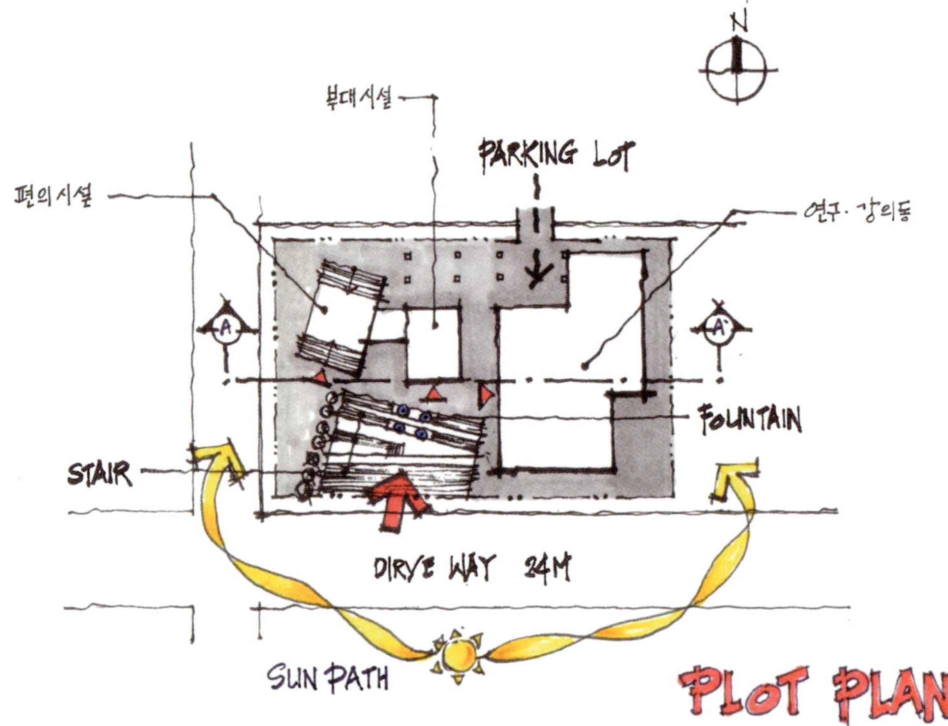

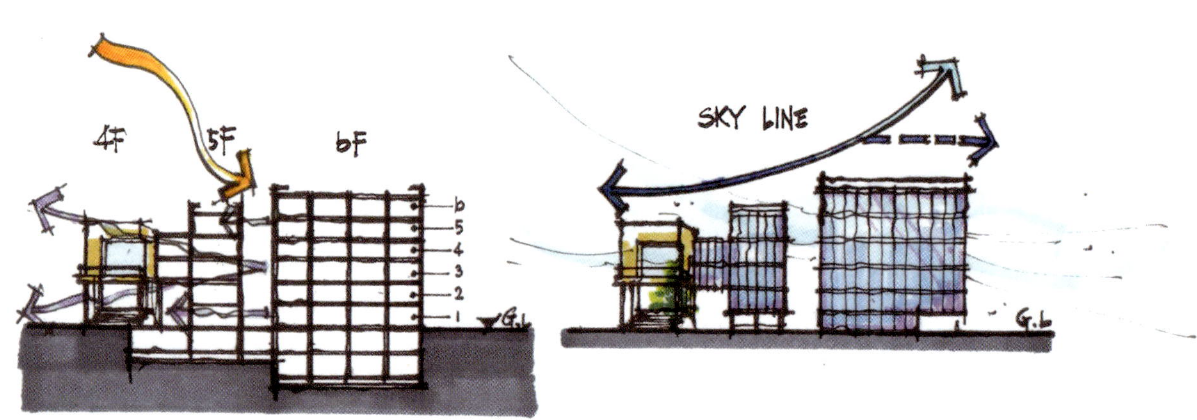

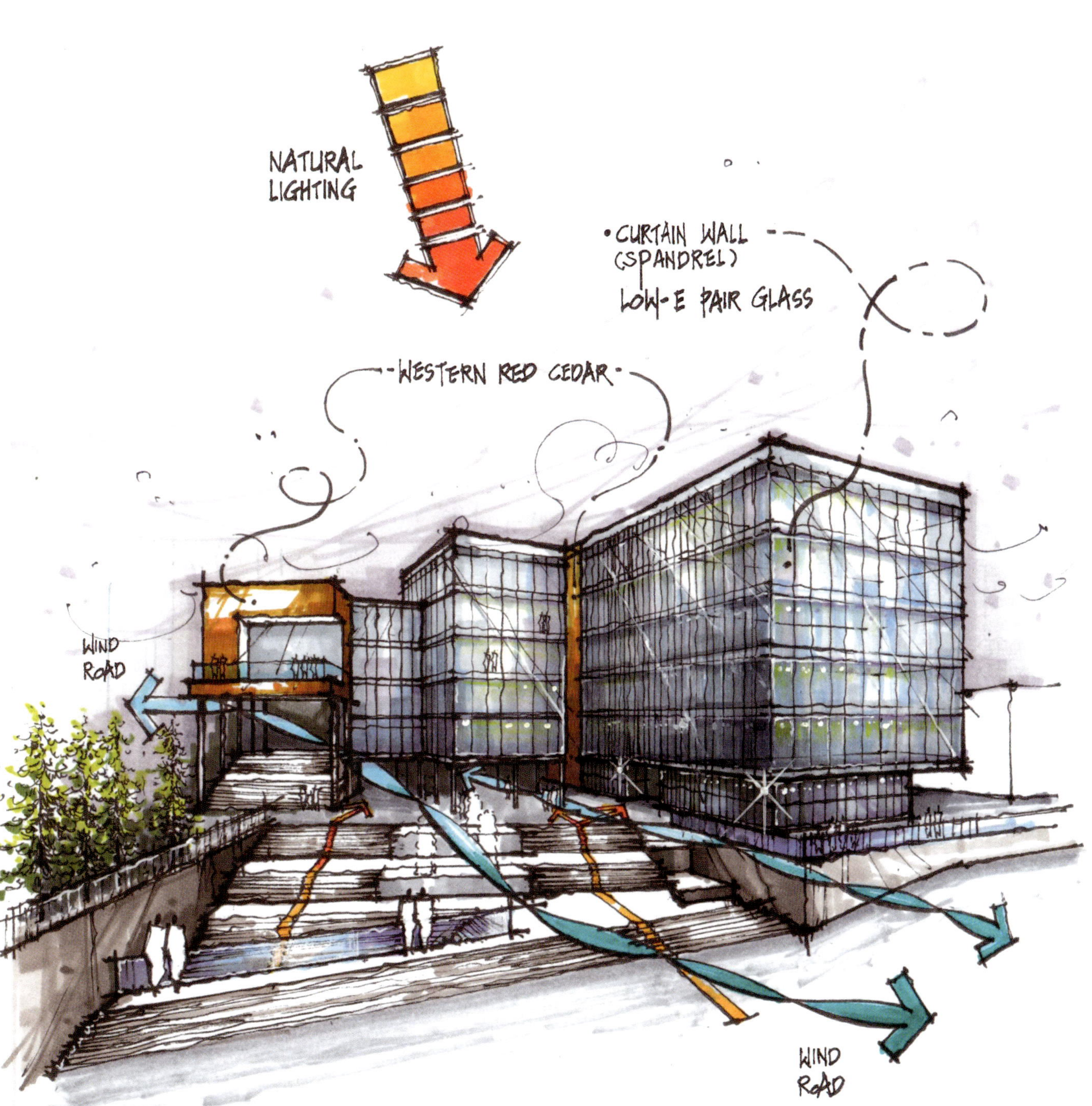

PERSPECTIVE

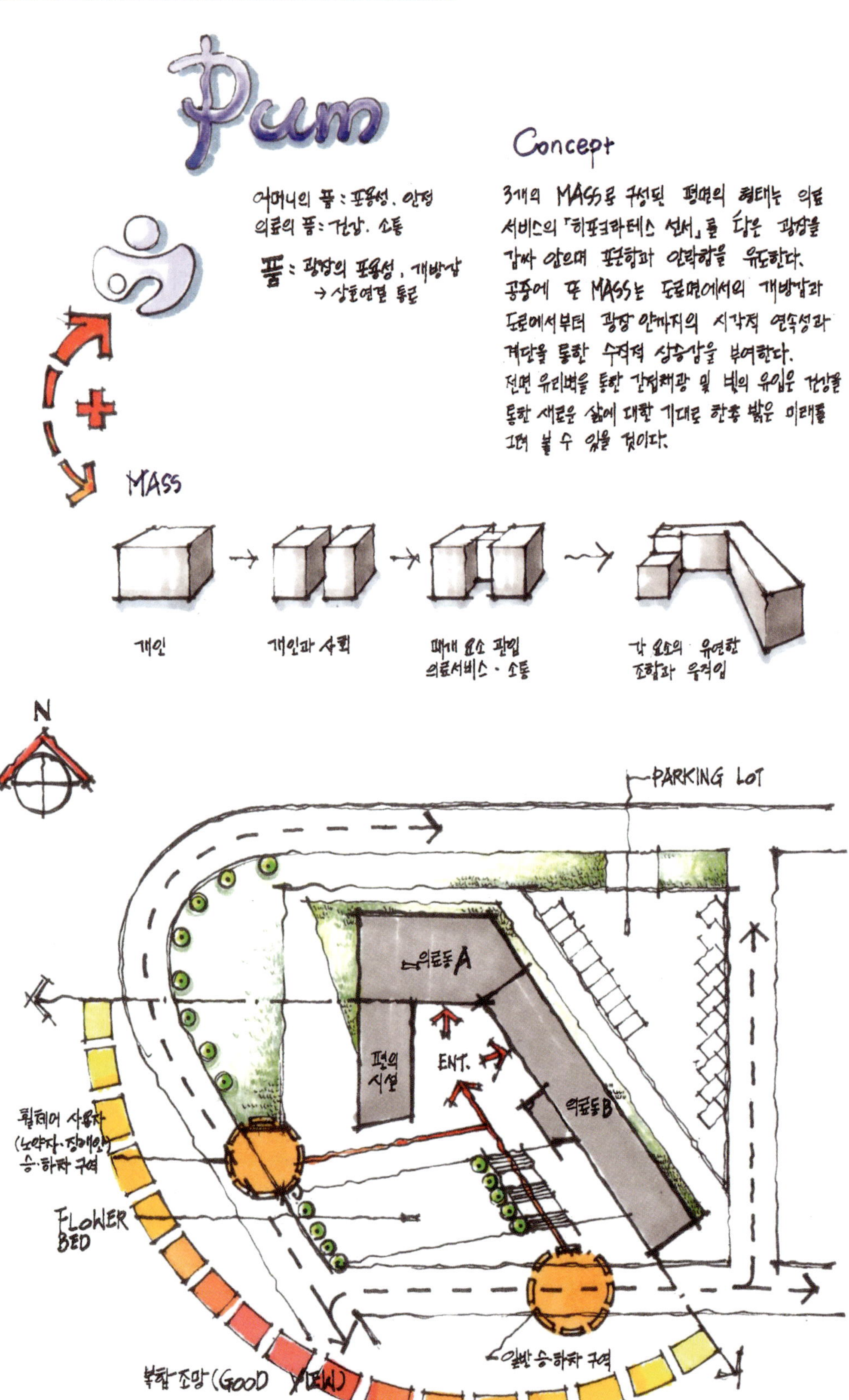
Pum
Concept
어머니의 품 : 포용성, 안정
의료의 품 : 건강, 소통
품 : 광장의 포용성, 개방감
→ 상호연결 통로
3개의 MASS로 구성된 평면의 형태는 의료
서비스의 「히포크라테스 선서」를 담은 광장을
감싸 안으며 포근함과 안락함을 유도한다.
공중에 뜬 MASS는 도로면에서의 개방감과
도로에서부터 광장 안까지의 시각적 연속성과
계단을 통한 수직적 상승감을 부여한다.
전면 유리벽을 통한 간접채광 및 빛의 유입은 건강을
통한 새로운 삶에 대한 기대로 한층 밝은 미래를
그려 볼 수 있을 것이다.
MASS
개인
개인과 사회
매개 요소 관입
의료서비스 · 소통
각 요소의 유연한
조합과 움직임
N
PARKING LOT
의료동A
의료동B
ENT.
휠체어 사용자
(노약자 · 장애인)
승 · 하차 구역
FLOWER BED
북향 조망 (GOOD VIEW)
일반 승하차 구역
PLOT PLAN

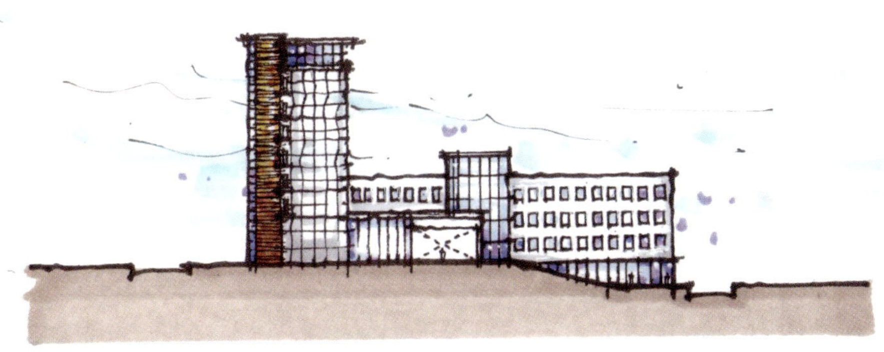

LEFT FACADE (West)

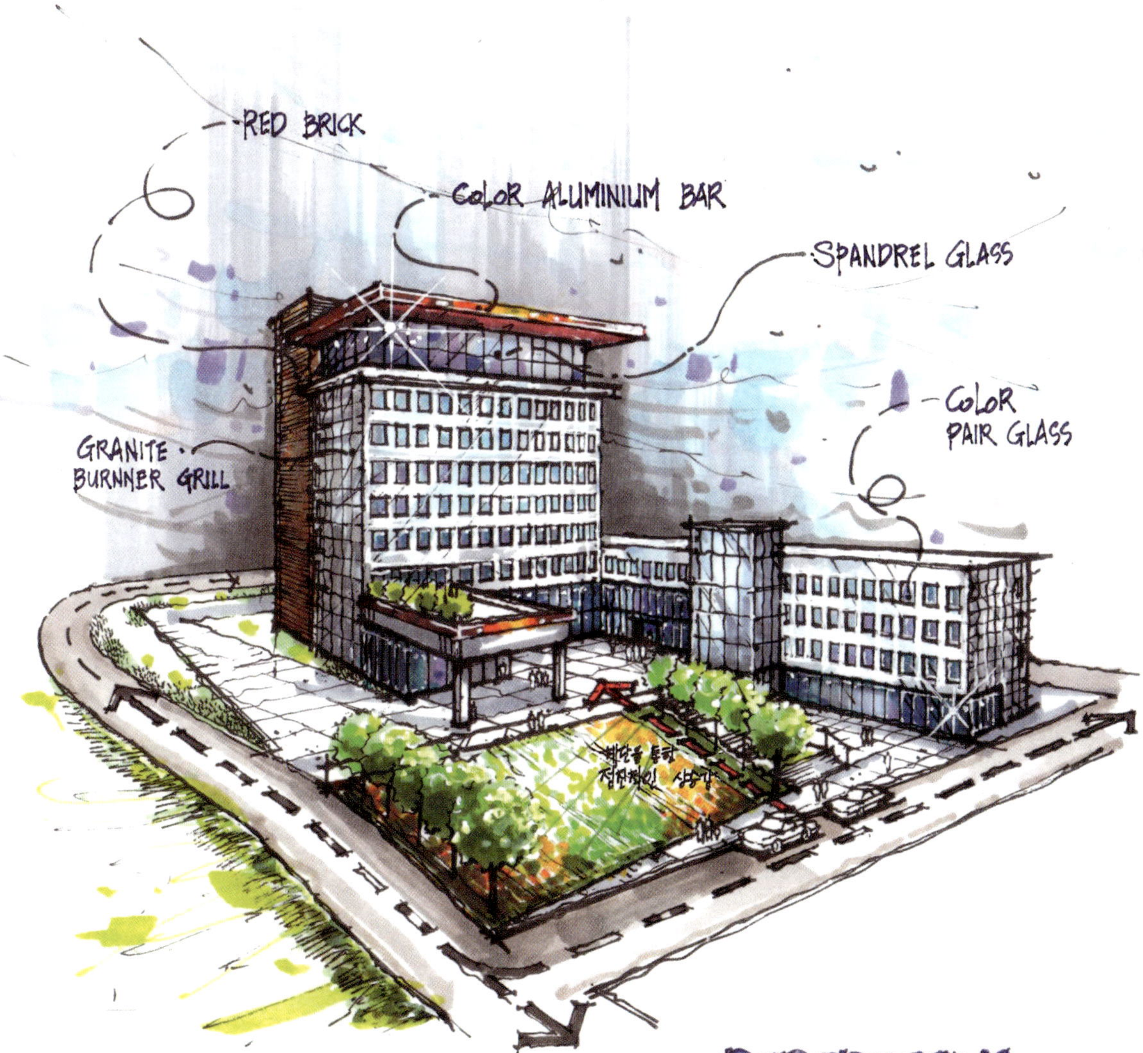
RED BRICK
COLOR ALUMINIUM BAR
SPANDREL GLASS
COLOR PAIR GLASS
GRANITE BURNNER GRILL
계단을 통한
점진적인 상승감

PERSPECTIVE

Healing Contour

Zoning

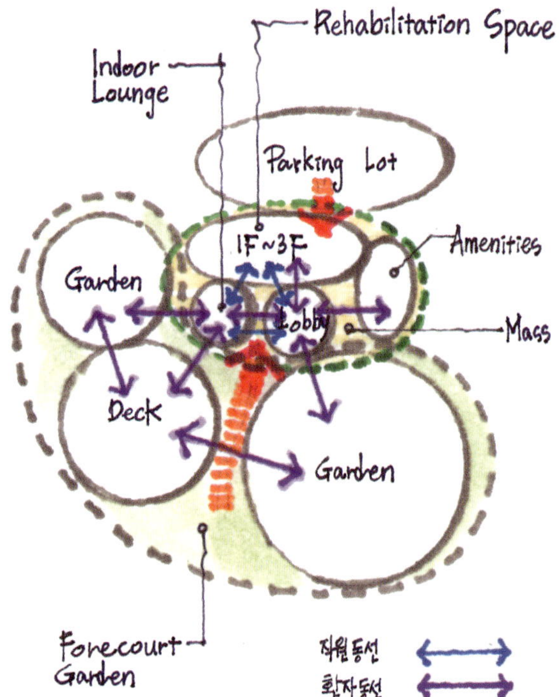

Design Concept

「Healing Contour」로 새롭게 변화하는 앞마당 = 햇살광장을 중심으로 새로운 치유 환경을 실·내외 곳곳에 펼치는 개념으로 진행한다.

- 재활치료센터의 신뢰성과 공고함을 담은 정제된 디자인을 추구한다.
- 노출콘크리트 매스를 단화와 사이딩 매스에 플러그인하여 전체적으로 통합의 개념을 담은 심플한 디자인.
- 친환경 자재를 이용한 친환경 파사드 디자인.
- 친환경 앞마당·로비 조성
- 실외 운동치료와 앞마당 정원 연계
- 자연환기 - 자연채광
- Biophilic Design 적용
- 휠체어 사용자들을 위한 장애인법 적용(고려)
- Barrier-Free Design 적용

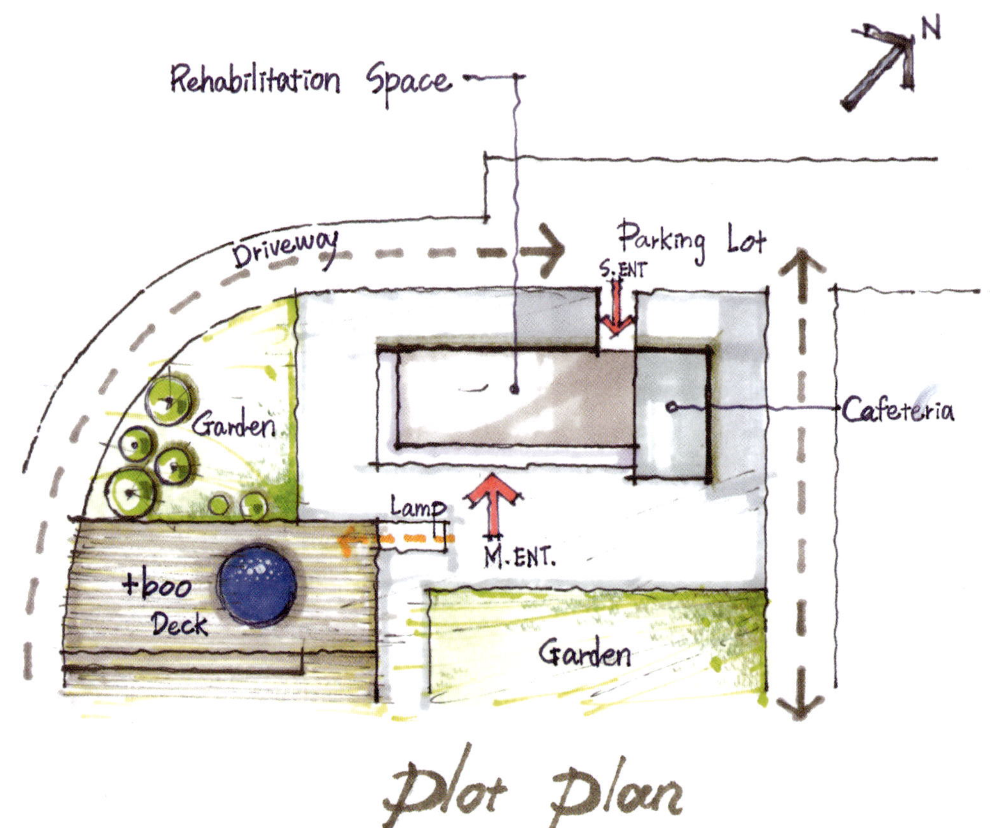

Perspective

09 복합시설

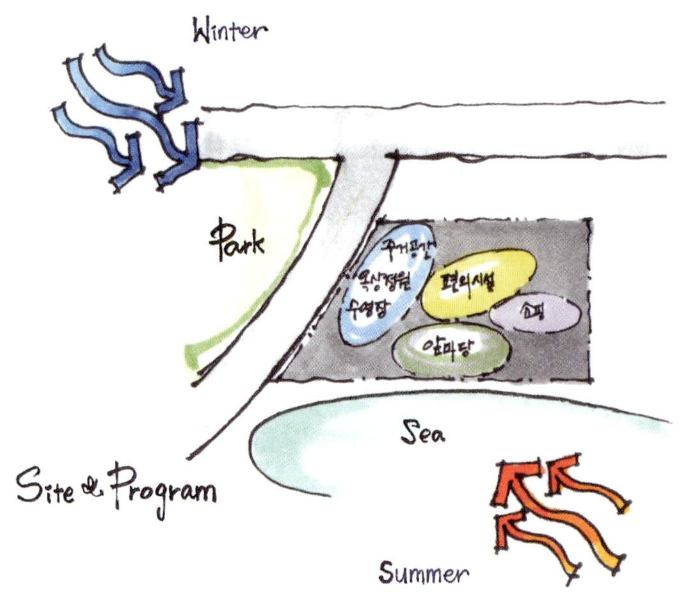

Concept

건물 매스는 동남쪽의 바다를 면하는 부분은 해안가를 따라 곡면으로 처리하여 자연과 조화되도록 하고, 해안가와의 개방감을 확보 하였다.
입면계획은 건물전체적으로 수평적인 요소를 사용하여 휴먼 스케일을 부여하고, 특히 전면, 물기둥을 obzee화한 수직 상승부분은 커튼월 구조로 수직적인 요소를 강조하면서 건물의 생기를 부여하고 지역의 랜드마크적 역할을 할수 있도록 계획하였다.

Mass Design

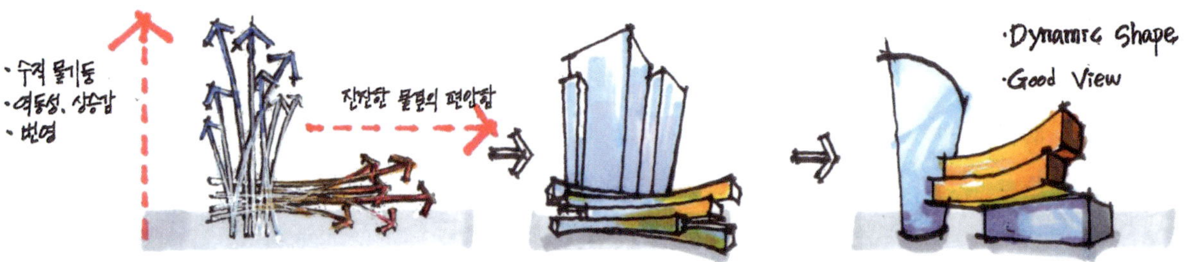

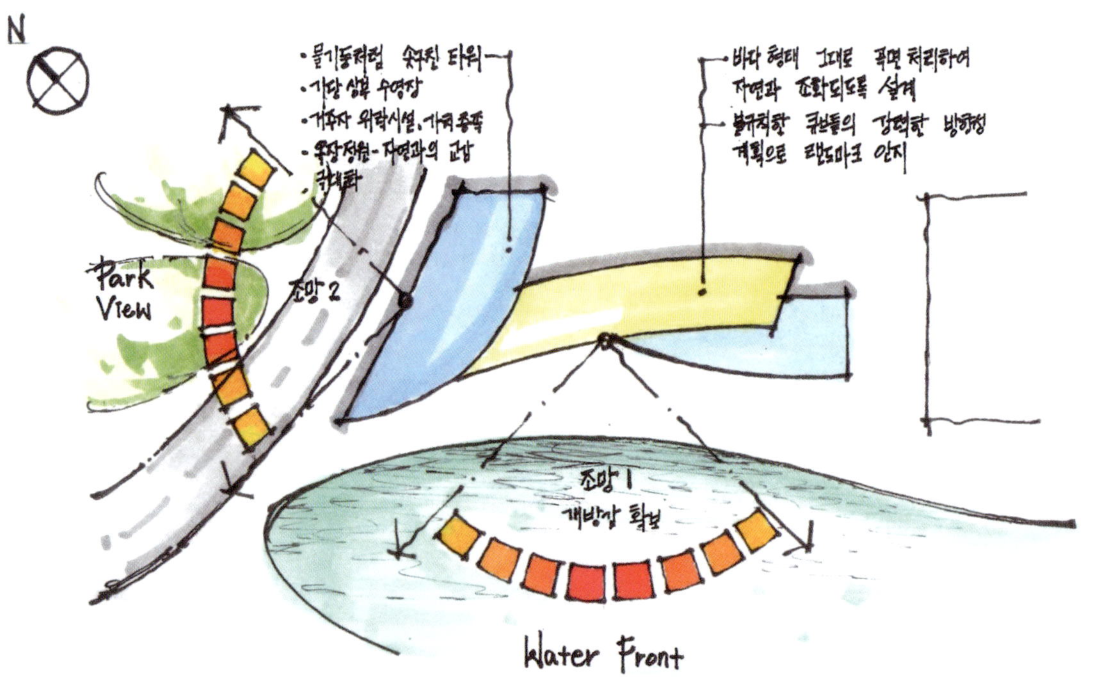

Plot Plan

Column of Water

Perspective

참고, 경원건설
두바이 비즈니스베이 주상복합
현상 당선

A Column Of Water

주상복합 건물로서,
외관은 물기둥이 소용돌이 치며 솟구치는 것을 입체적으로 표현하였고,
마감은 물보라가 반짝이며 사라지는 것을 그라데이션으로 표현하였다.

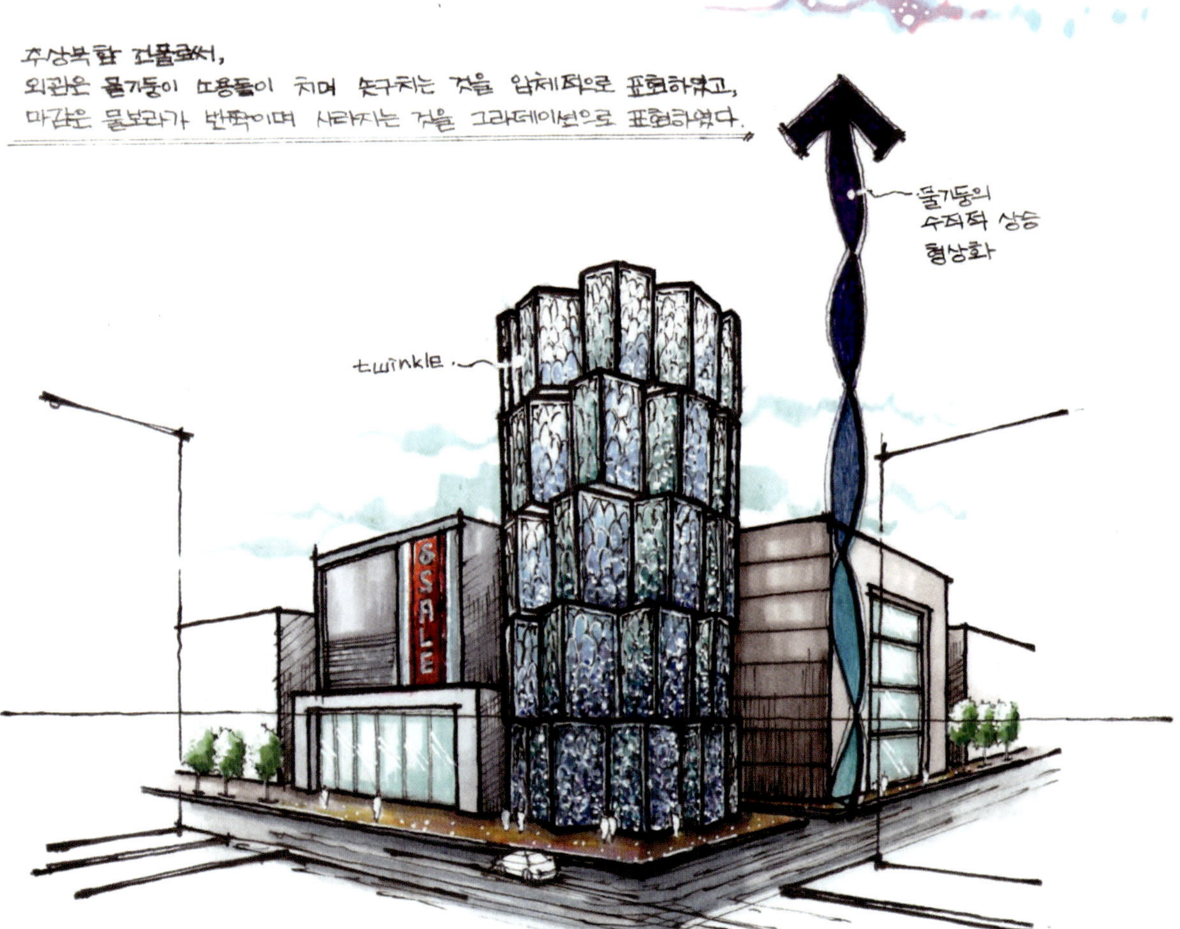

PLOT PLAN

Quick & Architectural

Urban Sketch

part VI

퀵&건축어반 스케치테크닉

퀵스케치는 빠르게 핵심을 잡아내는 스케치 기법으로, 간략스케치(Thumbnail sketch)의 개념을 포함한다. 2차원(평면·입면·단면)과 3차원 스케치를 아우르며, 기본 테크닉과 더불어 입면도를 투시도로 변환한 예시도 제시한다.

01 모노톤 퀵스케치

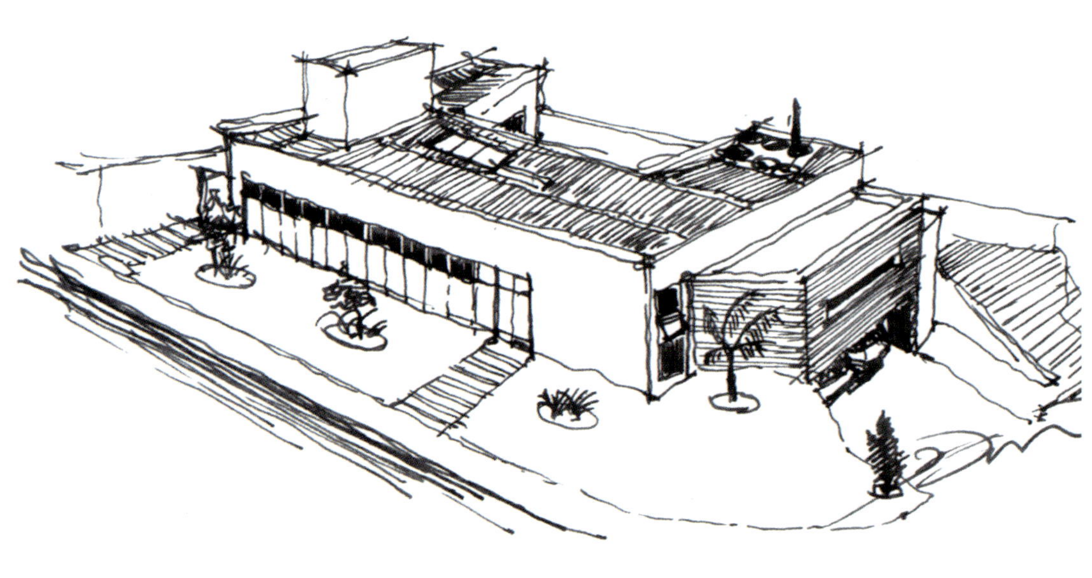

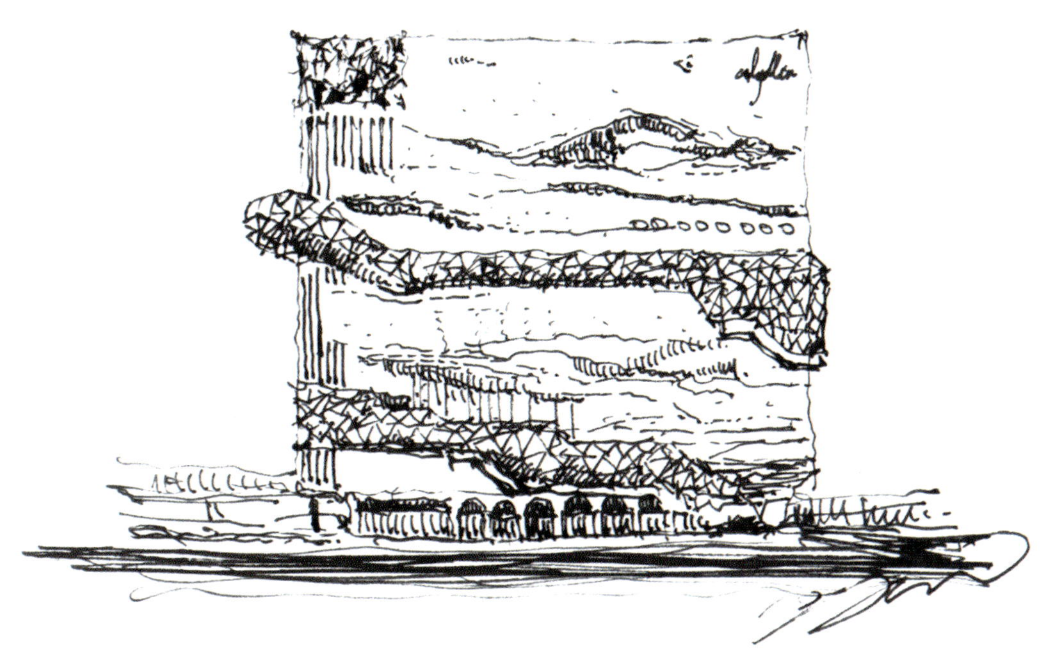

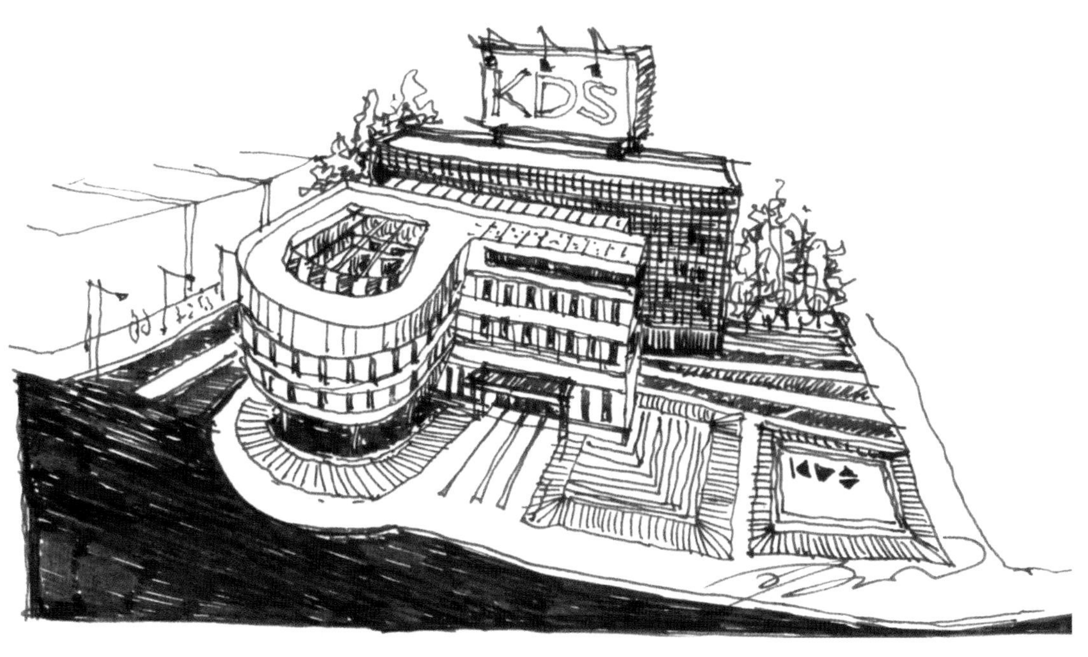
KDS

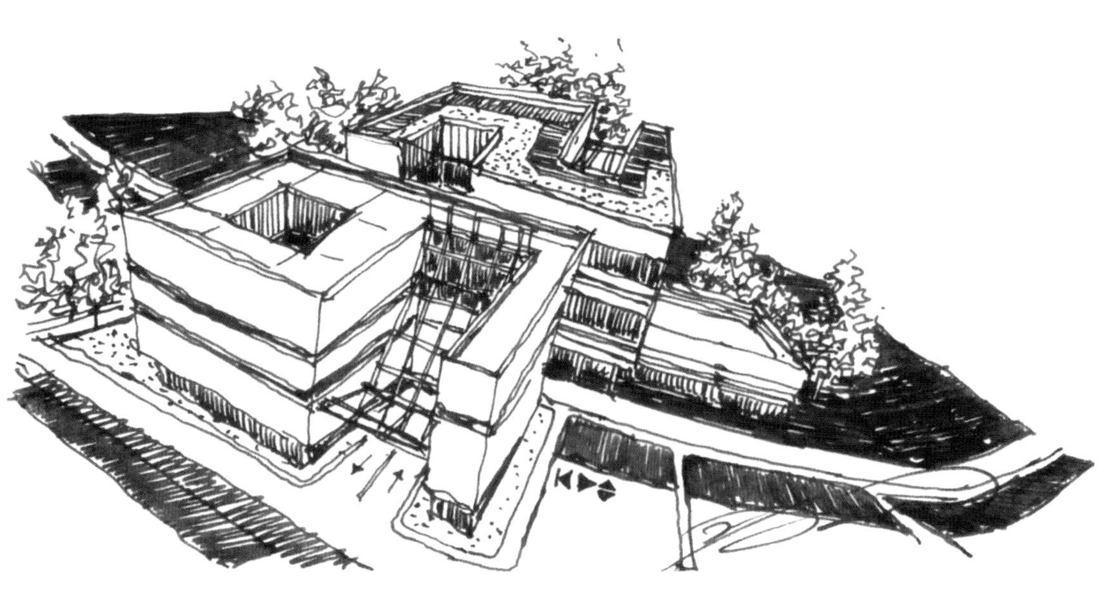

Bloomfield House

02 LA 투어 건축어반스케치

LA
KFC
@SIKIM

IN-N-OUT
@SIKIM

LA
76
520
490

LAX

LA
@SIKIM
Paul Smith
in Los Angeles

LA
@SIKIM

공간사
by Graft Object

National Library Taiwan
competition.

@S1KIM

JESE GUEST HOUSE

Iron Maiden House

C-House

Annex Building of
Korean Embassy in I

17.12.18

Guarulhos Airp
Fire Departm

Sunset House.

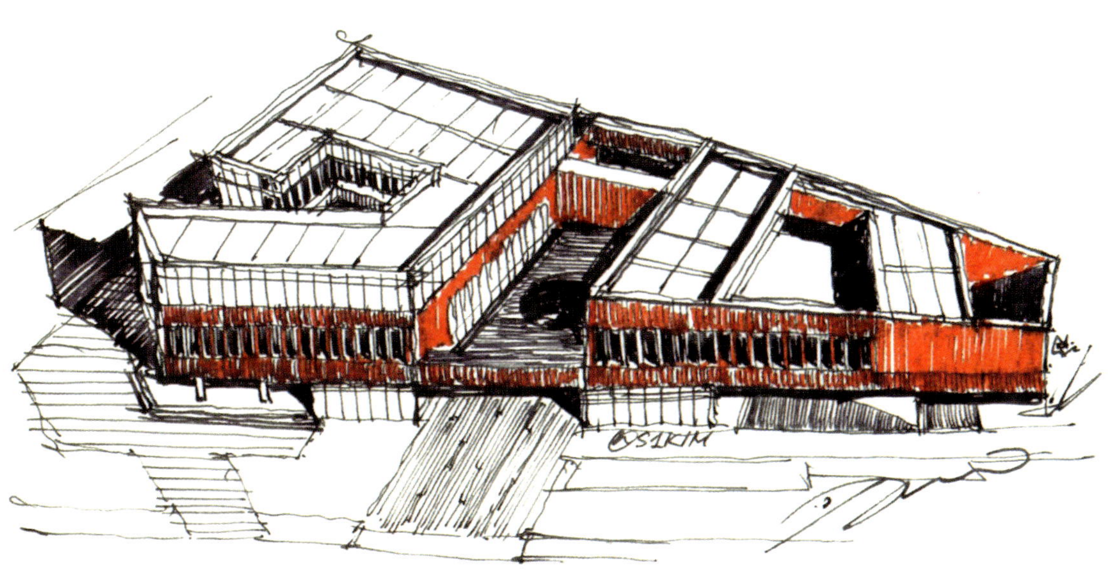

College

N.Y.C.

COLUMBIA UNIVERSITY
BUTLER LIBRARY
NYC

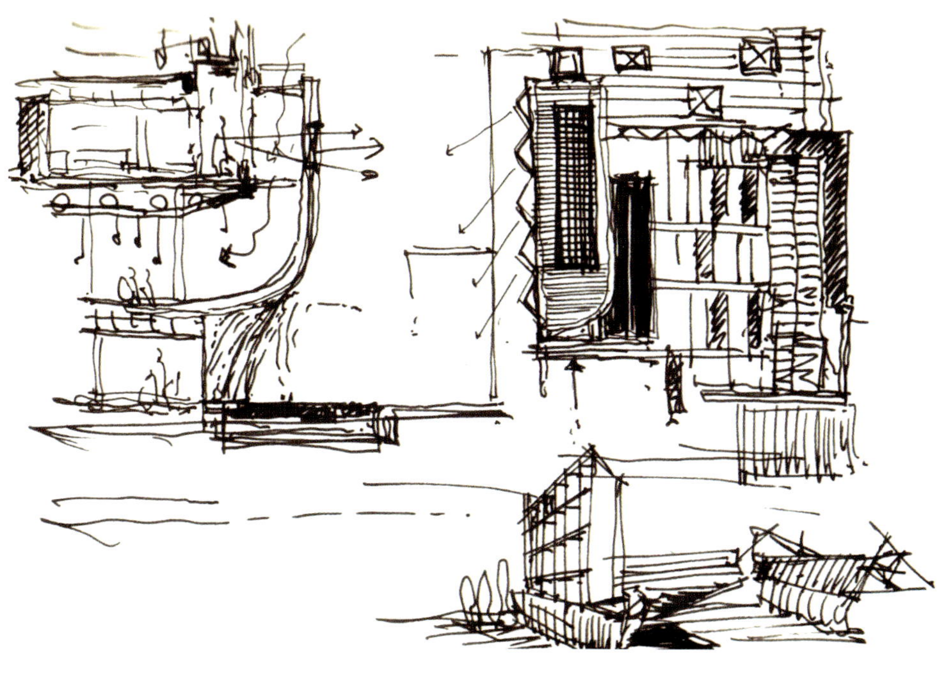

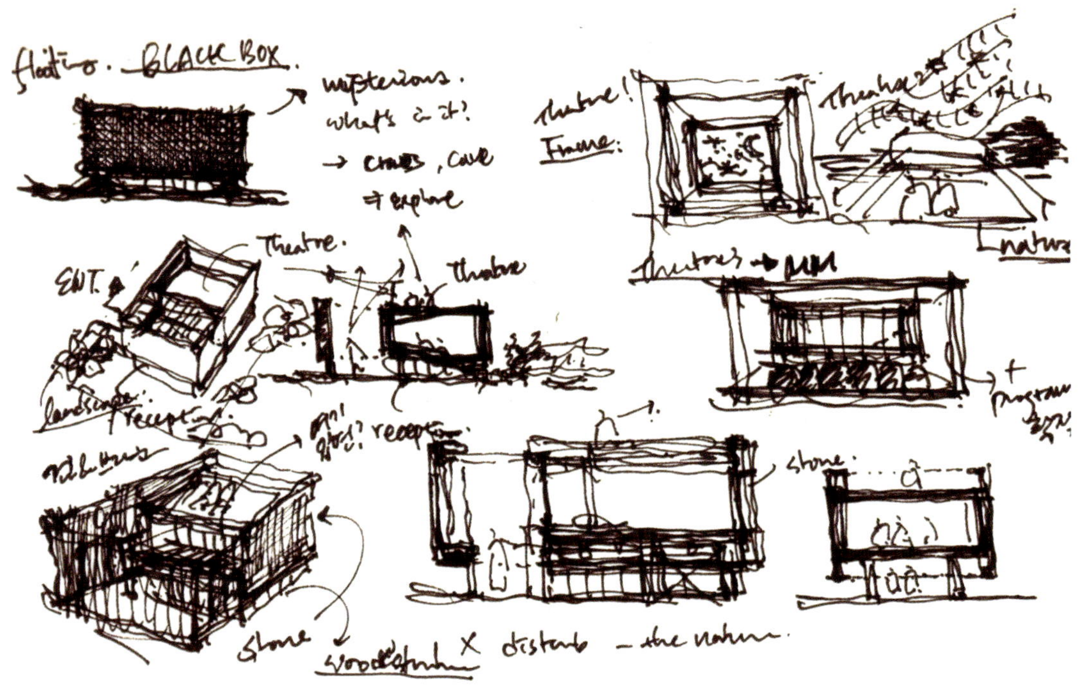
floating. BLACK BOX.
mysterious.
what's it?
Theatre!
Frame:
Theatre.
ENT.
Theatre
stone

Maggie's Leeds Cent

건축 러프 스케치테크닉

초판· 2004년 9월20일
발행· 2026년 2월 24일 (6쇄)
저자· (주)동방디자인/동방디자인 교재개발원
발행처· 도서출판 동방디자인

정가 30,000원

발행처 · 도서출판 동방디자인

등록 · 제13-265호

서울영등포구영등포동1가111-2 백산빌딩
편집부(02)2675-8880 FAX(02)2631-2199
http://www.architerior.co.kr

- 이 책은 1년 이상의 연구기간을 가지고 독자적으로 개발한 책으로 건축인들에게는 필독서입니다!! -

이 도서의 국립중앙도서관 출판 예정 도서 목록은 서지정보 유통 지원 시스템 홈페이지(http://seoji.nl.go.kr)와 국가자료 공동 목록 시스템(http://www.nl.go.kr/kolisnet)에서 이용하실 수 있습니다. (CIP제어번호 : CIP2017020685)